Python 语言程序设计(微课版)

刘立群 刘 冰 杨 亮 丁 茜 编著

清华大学出版社

北 京

内 容 简 介

"高级语言程序设计"是高校计算机基础教学的核心课程，它以高级编程语言为平台，介绍计算机程序设计的思想和方法，既可以为后续相关课程打下基础，也有利于帮助学生理解基本编程思想，培养和训练计算求解的基本能力。Python 语言具有语法简单、生态丰富，可跨平台开发等优点，非常适合零编程基础的人员学习，是众多高校广泛开设的一门程序设计课程。

本书为辽宁省一流本科课程"高级语言程序设计 Python"的指定教材，由该课程教学团队全力打造。全书针对初学者特点，注重知识与实践相结合，具有结构严谨、表达简洁、案例生动等特点，既强调基础理论、基本知识的学习，又注重学习者思维和能力的培养。

本书相关教学资源丰富，全部可免费开放下载，非常适合作为高等学校本科学生的第一门程序设计课程教材，也可作为各类成人高等教育教学用书，以及相关人才培训教材或自学用书。

图书在版编目(CIP)数据

Python 语言程序设计：微课版/刘立群等编著. —北京：清华大学出版社，2022.1（2023.2重印）
ISBN 978-7-302-59726-1

Ⅰ. ①P… Ⅱ. ①刘… Ⅲ. ①软件工具—程序设计—高等学校—教材 Ⅳ. ①TP311.561

中国版本图书馆 CIP 数据核字(2021)第 277511 号

责任编辑：陈冬梅
装帧设计：李 坤
责任校对：周剑云
责任印制：曹婉颖
出版发行：清华大学出版社
　　　　　网　　址：http://www.tup.com.cn, http://www.wqbook.com
　　　　　地　　址：北京清华大学学研大厦 A 座　　　　　邮　编：100084
　　　　　社 总 机：010-83470000　　　　　邮　购：010-62786544
　　　　　投稿与读者服务：010-62776969, c-service@tup.tsinghua.edu.cn
　　　　　质量反馈：010-62772015, zhiliang@tup.tsinghua.edu.cn
　　　　　课件下载：http://www.tup.com.cn, 010-62791865
印 装 者：小森印刷霸州有限公司
经　　销：全国新华书店
开　　本：185mm×260mm　　　印　张：15.5　　　字　数：375 千字
版　　次：2022 年 1 月第 1 版　　　印　次：2023 年 2 月第 3 次印刷
定　　价：48.00 元

产品编号：088813-01

前　言

随着信息技术发展的日新月异，物联网、云计算、大数据等新技术的出现，信息技术已经融入社会生活的方方面面，深刻影响着人们的生产、生活和学习方式。熟悉信息技术领域的基本知识，理解计算机解决问题的思路、方法和手段，掌握基本的程序设计方法和编程语言是当今社会对人才基本能力的要求。

"高级语言程序设计"是高校计算机基础教学的核心课程，它以高级编程语言为平台，介绍计算机程序设计的思想和方法，既可为学生后续学习相关计算机课程打下基础，也有利于帮助学生理解基本计算思想和方法，培养和训练学生利用计算机求解问题的基本能力。

传统程序设计语言往往为了兼顾性能而采用较为复杂的语法，制约了程序设计语言作为普适计算工具在各学科专业的深入应用。Python 语言历经了三十多年的发展，因其具有语法简单、生态丰富，可跨平台开发等一系列优点，成为一门重要的程序设计语言。Python 语言既适合零编程基础人员学习，是众多高校广泛开设的计算机语言课程。

本书主要面向程序设计的初学者，可以作为各类高等院校的第一门计算机程序设计课程的教材。全书共分 10 章，内容包括程序与算法、Python 语言概述、基本数据运算与函数、程序控制结构、组合数据结构、字符串与正则表达式、自定义函数和模块、文件与异常处理、Python 类和对象、Python 高级应用。本书具有以下特色：一是知识结构合理，语言表述简洁。针对零基础学生，避免使用复杂的专业术语，知识结构符合其认知规律。二是案例联系实际，可操作性强。以培养学生实际应用能力为核心，案例注重趣味性和实用性。三是课程配套资源丰富，营造多维度立体化教学环境。配套相关慕课资源、实验教程、电子课件等立体化教学资源，可以满足教师及学生的需求。

本书为辽宁省一流本科课程"高级语言程序设计"的指定用书，由沈阳师范大学该课程的教学团队编写，书中实践案例为团队多年来教学经验的总结，并且参考了国内有关教材、著作及网站公开内容和教学案例等。在此向致力于 Python 语言普及的广大教师、科研工作者、程序员朋友们表示感谢！

因编者学识有限，书中不足之处在所难免，恳请广大读者批评、指正。

编　者

目 录

第 1 章 程序和算法

学习目标

- 了解计算机语言的演变
- 了解高级语言的运行机制
- 理解几种常用的算法思想

1.1 程　　序

1.1.1 语言的演变

在"互联网+"时代，人类简单重复性的劳动或活动正在逐步被计算机取代，计算机正在持续改变着我们的工作方式和学习方式，进而影响着我们的思维方式。提起"计算机"就自然会联想到"程序"，程序似乎成了计算机的代名词。在经历了几十余年的飞速发展后，计算机已远远不是它最初的样子，编程也已不再仅仅是程序员和工程师的专属了。如何在"互联网+"时代提高自身竞争力？学习编程是一个有效的方法，也是一个新的机遇。

编程其实就是用计算机语言把人类的需求表达出来。计算机语言(computer language)是人与计算机之间交流的媒介。计算机语言经历了从机器语言、汇编语言，再到高级语言的演变过程。

机器语言是一种指令集的体系，它是用二进制代码 0 和 1 构成的指令集合，是计算机唯一可以直接识别和执行的语言。机器语言具有可执行性强、简单明了、运算速度快等优点，但是它难以辨别和记忆，不易阅读和修改，非常容易出错。程序的测试和调试都比较困难，此外对机器的依赖性也很强，于是就产生了汇编语言。

为了解决机器语言难以理解和记忆的缺点，用易于理解和记忆的名称和符号表示机器指令中的操作码，这样符号代替了二进制码，机器语言就变成了汇编语言。汇编语言也称为符号语言。使用汇编语言编写的程序，机器不能直接识别，要由程序翻译成机器语言，这种起到翻译作用的程序叫作汇编程序，这种翻译的过程称为汇编。汇编语言与处理器关系密切，因此它的通用性和可移植性较差。但这并不意味着汇编语言已无用武之地。由于汇编语言更接近机器语言，生成的程序与其他的语言相比具有更高的运行速度，占用更小的内存，因此在一些对于时效性要求很高的程序、许多大型程序的核心模块及工业控制方面得到大量应用。

高级语言主要是相对于汇编语言而言的。它是一种既接近于自然语言，又可以使用数学表达式的编程语言。高级语言用人们更易理解的方式编写程序，基本脱离了计算机的硬件系统，可方便地表示数据的运算和程序的控制结构，能更好地描述各种算法，而且容易学习和掌握。例如，对于"将 BX 的内容送到 AX"，从机器指令到高级语言的表示方法如图 1.1 所示。

```
操作：寄存器 BX 的内容送到 AX 中
1    1000100111011000          机器指令
2    MOV   AX, BX              汇编指令
3    AX = BX                   高级语言
```

图 1.1　机器指令到高级语言

用高级语言编写的程序称为高级语言源程序，但是高级语言并不是特指某一种具体的语言，而是包括很多种编程语言，如流行的 Java、C、C++、C#、Pascal、Python 语言等，这些语言的语法及命令格式都不尽相同。

计算语言的演变如表 1.1 所示。

表 1.1　计算机语言的演变

计算机语言	编写方式及要素	特　点
机器语言	二进制编码 操作码、地址码	速度快，效率高，占用内存少 直观性差，难以纠错，编写需要很强的专业性
汇编语言	助记符号 操作码、地址码	速度快，效率高，占用内存少，直观性较强 编写专业性较强
高级语言	接近自然语言的语法 源程序，编译或解释程序	占用内存多，执行需要编译 易于掌握，可读性强 独立性、共享性及通用性强

1.1.2　高级语言的运行机制

计算机不能直接识别除机器语言以外的其他语言，因此高级语言编写的程序需要先"翻译"为机器语言，然后再交给计算机去执行。

比如，我们向计算机发出一条打印命令"print(520)"，由于计算机只能识别 01 指令，因此该命令并不能直接被执行，需要先经过"翻译"后才能被执行，如图 1.2 所示。这种能把高级语言的命令翻译为机器语言的程序就称为"编译器"。编译器翻译的方式有两种：编译和解释，二者区别在于翻译时间点不同。

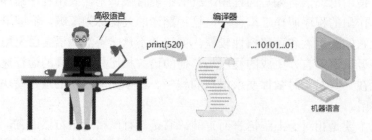

图 1.2　高级语言编译为机器语言

那么，到底什么是编译型语言和解释型语言呢？

1. 编译型语言

编译型高级语言是通过专门的编译器，将高级语言代码(源代码)一次性地翻译成可执行的机器码(目标代码)的编程语言，如图 1.3 所示。这个翻译过程就叫作编译(compile)。编译生成的目标代码可以在特定的平台上独立运行。常用的编译型语言有 C、C++、FORTRAN 等。

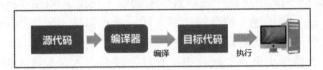

图 1.3　编译型语言的执行过程

编译程序对源程序进行解释的方法相当于日常生活中的"整文翻译"。在编译程序的执行过程中，要对源程序扫描一遍或几遍，最终形成一个可在具体计算机上执行的目标程序。编译后生成的目标程序是计算机可以直接运行的二进制文件。这样每次运行程序时都可以直接运行该二进制文件，不需要重新编译了。

比如 C 语言程序的执行过程，要先将后缀为.c 的源文件通过编译转换为后缀为.exe 的可执行文件才能运行。

编译型语言具有如下特点。

(1)　可独立运行，源代码经过编译形成的目标程序可脱离开发环境独立运行。

(2)　运行效率高，编译过程包含程序的优化过程，编译的机器码运行效率较高。

(3)　可移植性较差，编译型语言依赖编译器，与特定平台相关。

2. 解释型语言

解释型语言是通过解释器把高级语言代码(源程序)逐行翻译成机器码并执行的语言。每次执行程序都要进行一次翻译，因此解释型语言的程序运行效率较低，不能脱离解释器独立运行。常用的解释型语言有 Basic、Python 等。

解释程序对源程序进行翻译的方法相当于日常生活中的"同声传译"。解释程序对源程序的语句从头到尾逐句扫描、逐句翻译，并且翻译一句执行一句，因而这种翻译方式并不形成机器语言形式的目标程序。每次执行程序都需要重新进行解释。

例如 Python 程序的执行过程，写好代码直接运行即可(运行前有解释的过程)，如图 1.4 所示。

图 1.4　解释型语言的执行过程

解释型语言具有如下特点。

(1)　易于修改和测试，逐句解释进行过程中便于对代码进行修改和测试。

(2)　可移植性较好，只要有解释环境，可在不同的操作系统上运行。

(3)　在运行时要先进行解释，语言执行效率较低。

1.2 算　　法

1.2.1　什么是算法

算法(Algorithm)一词最早出现于波斯数学家阿尔·花拉子米(Al-Khwarizmi)的著作中，他在书中使用"算法"来描述一种新的计算方法。随后算法一词传到了欧洲，后来便出现了"algorithm"这个词，这就是算法单词的由来。但直到十九世纪末，"算法"一词才具有了现代的意义。在数学史上，"欧几里得算法"被西方人认为是人类史上的第一个算法(见图1.5)。

我国自古以来就有许多专门论述"算法"的专著。算法在中国古代文献中称为"术"，最早出现在《九章算术》(公元1世纪左右)中(见图1.6)。《九章算术》将所有数学问题分为九大类，故称"九章"，其中给出了四则运算、最大公约数、最小公倍数、开平方根、开立方根、线性方程组等诸多算法。它在中国和世界数学史上占有重要的地位，作为中国古代数学的系统总结，对中国传统数学的发展有着深远的影响。

图1.5　欧几里得算法　　　　　图1.6　中国古代数学著作《九章算术》

《算经十书》是指汉、唐一千多年间的十部数学著作，这些数学著作曾经是隋唐时代国子监算学科的教科书。十部书的名称是《周髀算经》《九章算术》《海岛算经》《张丘建算经》《夏侯阳算经》《五经算术》《缉古算经》《缀术》《五曹算经》《孙子算经》。

1. 算法的概念

计算机科学中的算法是指对问题求解方法进行准确而完整的描述方式，是为解决一个特定问题所采取的确定的有穷的运算序列。通俗地说，算法是对某一问题求解步骤的准确描述。

事实上，我们在日常生活中解决问题经常要用"算法"，只是通常不用算法这个词。例如，乐谱是指挥乐队演奏的算法，菜谱是厨师做菜的算法，洗衣机的使用说明书是操作洗衣机的算法，四则运算的运算规则要先乘除后加减，等等。

计算机的算法与程序又是什么关系呢？算法与程序都是对问题求解步骤的描述，但是算法又不同于程序。算法侧重于求解步骤，可以忽略语言环境，可以采用自然语言或图形工具来表达。程序则侧重于具体实现，所以程序必须符合具体语言规则，还有具体实现的细节。也就是说，程序是算法基于某一种语言环境的具体实现，同一个算法可以用不同的

编程语言来编写。

【例1.1】人类历史上第一个算法"欧几里得算法"。

算法描述： 给定两个正整数a、b，且a≥b，求它们的最大公约数，即能够同时整除a和b的最大正整数。可表示为gcd(a,b)。

步骤1： 输入两个正整数a和b。

步骤2： 计算a除以b的余数r。

步骤3： 若r等于0，则最大公约数为b，算法结束；若r不等于0，则将b值给a，r值给b，返回步骤2。

欧几里得算法，又称辗转相除法。古希腊数学家欧几里得在其著作《几何原本》(大约公元前300年)中最早描述了这种算法。

欧几里得算法基于如下原理：两个整数的最大公约数等于其中较小数和两数之余数的最大公约数。此原理可表示为：gcd(a,b)=gcd(b,a%b)。这时的"%"表示取余运算。也就是说，如果要求gcd(44,8)，可以用gcd(8,4)来替代。

2. 算法的基本特征

值得注意的是，并不是任意一个问题的求解步骤都可以称为算法。计算机的算法还应该具备以下五个基本的特征。

(1) 有穷性。算法必须在合理有限的时间内，执行有限次步骤后结束。对于一个算法，要求其在时间和空间上均是有穷的。如在欧几里得算法中，由于a和b是正整数，取余运算所得的余数r必定小于b，且经过有限次的运算，r必然会等于0，因此算法是有穷的。

(2) 确定性。算法中的每一个步骤都必须有确切的定义，不能有二义性。算法的执行者或阅读者都能够明确其含义及如何执行，在任何情况下，算法都只有一条执行路径。如在欧几里得算法中，会使用"若r等于0，则……""若r不等于0，则……"这样准确的描述来明确算法执行步骤。

(3) 输入项。一个算法有0个或多个输入，用以描述运算对象的初始情况，所谓0个输入是指算法本身定义了初始条件。如在欧几里得算法开始时，要求"输入两个正整数a和b"。

(4) 输出项。一个算法有一个或多个输出，是一组与"输入项"有确定关系的量值，是算法对输入数据加工后的结果。没有输出的算法是毫无意义的。在欧几里得算法中，当余数r等于0时，求得的最大公约数b就是输出项。

(5) 可行性。算法中描述的操作可以通过已经实现的基本运算的有限次执行来完成。也就是说，操作序列中的每个操作都是可以完成的，其本身不存在算法问题。在欧几里得算法中，使用的基本运算有赋值和取余。

3. 算法的复杂度

同一问题可以用不同的算法解决，而一个算法的质量优劣将影响算法乃至程序的效率。算法分析的目的在于选择合适的算法和改进算法。一个算法的评价主要从时间复杂度和空间复杂度来考虑。

(1) 时间复杂度。算法的时间复杂度是指执行算法所需要的计算工作量。一般来说，算法是问题规模 n 的函数 f(n)，算法的时间复杂度也因此记作 T(n)=O(f(n))。算法执行时间的增长率与 f(n)的增长率正相关，称作渐进时间复杂度。

(2) 空间复杂度。算法的空间复杂度是指算法需要消耗的内存空间。其计算和表示方法与时间复杂度类似，一般都用复杂度的渐近性来表示，记作 S(n)=O(f(n))。算法执行期间所需要的存储空间包括三个部分：算法程序所占的空间、输入的初始数据所占的存储空间、算法执行过程中所需要的额外空间。

1.2.2　算法的要素与表示

算法有两个基本要素：一是算法中对数据的运算和操作；二是算法的控制结构。算法的常用表示方法有自然语言描述算法、流程图表示算法、N-S 图表示法、伪代码表示法等。

1. 运算与操作

数据的运算和操作：计算机可以执行的基本运算和操作是以指令的形式描述的。所有指令的集合称为该计算机系统的指令系统。基本运算和操作如下。

算术运算：加、减、乘、除等运算。

逻辑运算：与、或、非等运算。

关系运算：大于、小于、等于、不等于等运算。

数据传输：输入、输出、赋值等运算。

2. 控制结构

算法的控制结构：一个算法的功能结构不仅取决于所选用的操作，而且还与各操作之间的执行顺序有关。算法的控制结构如下。

顺序结构。顺序结构由语句序列组成，程序执行时按照语句的顺序，从上而下一条一条地顺序执行。

选择(分支)结构。选择结构又称为分支结构，选择语句根据条件的成立与否，执行多组语句中的一组语句序列。分支结构分为单分支结构、双分支结构和多分支结构。

循环结构。循环结构会自动判断循环的条件，当条件成立时，重复执行其中的语句序列，当条件不成立时，结束循环。

图 1.7 为算法的三种控制结构的流程图。

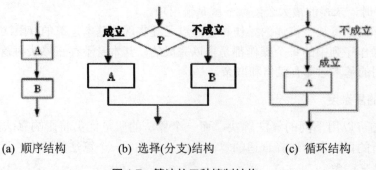

(a) 顺序结构　　　　(b) 选择(分支)结构　　　　(c) 循环结构

图 1.7　算法的三种控制结构

3. 算法的表示

1) 自然语言描述算法

从上面的欧几里得算法的描述,我们可以体会到,自然语言的描述方法比较易于掌握,而且算法便于阅读。但是,当算法结构较复杂时,比如算法中含有循环和多分支结构时,文字描述就会很冗长,而且很难表述清楚。另外,自然语言也很容易由于语境和语气等而产生歧义。

自然语言歧义亦称为二义性。如有这样一句话,"武松打死老虎",我们既可以理解为"武松/打死/老虎",又可以理解为"武松/打/死老虎"。

【例 1.2】用自然语言描述:输入两个数 x、y,计算并输出 $z = x \div y$ 的结果。

算法描述如下。

(1) 输入两个数 x,y。

(2) 判断 y 是否等于 0。

(3) 如果 y 等于 0,则输出出错提示信息。

(4) 否则计算 x 除以 y 的值 z。

(5) 输出 z。

2) 流程图表示算法

如图 1.7 所示为用流程图表示的三种算法结构。流程图由特定意义的图形构成,可以比较清晰地表示算法的执行过程。在使用流程图描述算法之前,需要对流程图中的一些常用符号做一个解释,流程图中的常用符号见表 1.2 所示。

表 1.2　流程图中的常用符号

图　形	名　称	作　用
⬭	开始或结束	表示算法开始或结束
▭	处理框	表示处理功能,只有一个出口和一个入口
▱	输入或输出	表示数据的输入或输出
◇	判断框	表示条件判断
↓	流程线	表示算法流程的方向

流程图的缺点是在使用标准中没有规定流程线的用法,而流程线能够转移流程控制方向,即算法中操作步骤的执行次序。因此,使用不当会导致算法流程的混乱。

【例 1.3】用流程图表示:输入两个数 x、y,计算并输出 $z = x \div y$ 的结果,如图 1.8 所示。

3) N-S 图表示算法

N-S 图表示法中没有流程线,算法写在一个矩形框内,每个处理步骤用一个矩形框表示,处理步骤是语句序列。矩形框中可以嵌套另一个矩形框。N-S 图限制了语句的随意转移,保证了程序的良好结构,如图 1.9 所示。

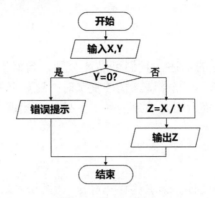

图 1.8　算法的流程图表示

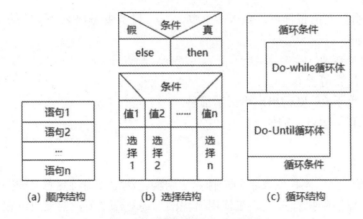

(a) 顺序结构　　(b) 选择结构　　(c) 循环结构

图 1.9　控制结构的 N-S 图表示

【例 1.4】用 N-S 图表示：欧几里得算法，如图 1.10 所示。

输入 a,b
r = a % b
r != 0
a=b
b=r
r = a % b
输出 b

图 1.10　欧几里得算法的 N-S 图表示

4)　伪代码表示算法

无论是使用自然语言还是使用图形描述算法，仅仅是表述了编程者解决问题的一种思路，都无法被计算机直接接受并进行操作。伪代码是一种非常接近于计算机编程语言的算法描述方法。

伪代码通常采用自然语言、数学公式和符号来描述算法的操作步骤，同时采用计算机高级语言(如 C、Pascal、VB、C++、Java 等)的控制结构来描述算法步骤的执行。这种表示

方法的优点是结构清晰、代码简单、可读性好。

【例 1.5】用伪代码描述：输入两个数 x、y，计算并输出 z=x÷y 的结果。

算法描述如下。

(1) Begin。

(2) 输入 x，y。

(3) if y=0 then 输出错误提示。

(4) else z=x/y，输出 z。

(5) End。

1.2.3 常用的算法策略

1. 穷举法

穷举法最初用于破译密码，故又称为"暴力破解法"。简单来说，就是将密码进行逐个尝试直到找出真正的密码为止。例如，一个 6 位并且全部由数字组成的密码共有 1000000 种组合，也就是说，最多尝试 1 百万次就可以找到真正的密码。因此，只要找出密码可能的范围，利用程序进行逐个尝试，破解密码就只是时间问题了。

小贴士

如果破译一个 8 位含大小写字母、数字及符号的密码，可能的穷举次数有几千万亿之多，普通的家用电脑会用几个月甚至更多的时间。在一些领域，为了提高密码的破译效率而专门制造的超级计算机不在少数。在现今的网络时代，为了应对使用密码穷举法的网络攻击者，一般会采取严密的密码验证机制。例如，设置试误的可允许次数。当试误次数达到可允许次数时，密码验证系统会自动拒绝继续验证，甚至会自动启动入侵警报机制。

穷举法的运行机制是根据题目的条件确定答案的大致范围，并在此范围内对所有可能的情况逐一验证。若某个情况验证符合题目的条件，则为本问题的一个解；若全部情况验证后都不符合题目的全部条件，则本题无解。也就是说，能够使用穷举法的两个前提是：解的范围是可预期的；解的条件是可推算的。穷举法可以利用循环控制结构来实现。

【例 1.6】利用穷举法求解水仙花数。

定义：若一个 n 位自然数的各位数字的 n 次方之和等于它本身，则称这个自然数为阿姆斯特朗数。三位数中的阿姆斯特朗数被称为"水仙花数"，四位数的阿姆斯特朗数被称为"四叶玫瑰数"。例如：$153 = 1^3+5^3+3^3$，$8208=8^4+2^4+0^4+8^4$。

算法分析如下。

(1) 确定解的范围。水仙花数为符合条件的三位自然数 N，N 的范围为 100~999。

(2) 确定解的条件。假设 N 的百位数字为 i，十位数字为 j，个位数字为 k，则根据定义可知水仙花数的条件为：$N=i^3+j^3+k^3$。

(3) 优化搜索范围，用循环结构实现。为提高效率可以缩小 N 的范围为 100~999。

"水仙花"数的算法实现流程如图 1.11 所示。

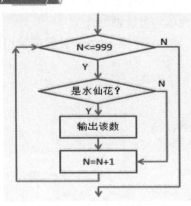

图 1.11　"水仙花"数的算法实现流程

2. 递推法

递推法是利用问题的递推关系求解的一种方法。求问题规模为 N 的解，当 N=1 时，解为已知或能非常方便地得到解。当得到问题规模为 N=1 的解后，问题规模为 2，3…，N-1 的一系列解可通过递推关系求得。直至得到规模为 N 的解。

递推法的关键是，问题规模为 1 的解已知或可求解，问题规模为 i (i≥1)时具有相同的递推关系且可知。

【例 1.7】递推法求自然数 1~N 的累加和。

假设 i 为任意一个自然数，且 $1 \leqslant i \leqslant N$，累加和为 S，S=1+2+3+4+…+N。

算法分析如下。

(1) 求出问题规模为 1 的解；当 i=1 时，S=1。

(2) 找出变化规律，写出递推公式。求累加和的递推关系如下。

当 i=1 时，S=1，S_1=1。

当 i=2 时，S=1+2，S_2= S_1+2。

当 i=3 时，S=1+2+3，S_3= S_2+3。

……

当 i=i 时，S=1+2+…+i，S_i= S_{i-1}+i。

得到求累加和递推公式：S_i= S_{i-1}+i。

(3) 确定递推次数，用循环结构实现。这里可以确定递推的次数为 N。

递推法求累加和的算法实现流程如图 1.12 所示。

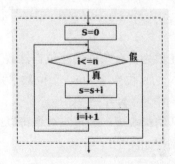

图 1.12　递推法求累加和的算法实现流程

3. 递归法

在计算机科学中,递归法是指一个过程或函数在其定义中直接或间接调用自身的一种方法。递归法对解决某一类问题是十分有效的,它可以使算法的描述简洁而且易于理解。

借助递归法,我们可以把一个相对复杂的问题转化为一个与原问题相似的规模较小的问题来求解。递归法只需少量的程序就可描述出解题过程所需要的多次重复计算,大大地减少了程序的代码量。

递归法的优点是结构清晰,可读性强,而且容易用数学归纳法来证明算法的正确性,为设计算法、调试程序带来很大方便。递归法的缺点是运行效率较低,无论是计算耗费的时间还是占用的存储空间都比非递归法要多。

为了更好地理解递归,我们来了解一下生活中的一种视觉效果"德罗斯特(Droste)效应"。德罗斯特效应的名称源于荷兰第一大巧克力品牌德罗斯特(创立于 1863 年)生产的可可粉的包装盒图案,如图 1.13 所示。图 1.13(a)中是一位护士拿着一个有杯子及纸盒的托盘,而杯子及纸盒上的图案和整张图片相同,从而产生一种特殊的视觉效果。这张图片从 1904 年起开始使用,百年间只进行了一些小幅的调整。德罗斯特效应是递归的一种视觉形式。例如,当手持一面镜子站在另一面镜子前面时,我们会从镜子中看到自己手持镜子的镜像,这也是递归的表现。

(a)　　　　　　　　　　　　(b)

图 1.13　递归的视觉形式

汉诺塔是递归法的经典问题(见图 1.14)。汉诺塔(又称河内塔)源于印度一个古老传说,天神创造世界的时候做了三根金刚石柱子,在一根柱子上由小到大顺序摆着 64 片黄金圆盘。天神命令婆罗门把圆盘从下面开始按大小顺序重新摆放在另一根柱子上,并且规定,在小圆盘上不能放大圆盘,在三根柱子之间一次只能移动一个圆盘,每天只能搬一个圆盘,并预言当盘子全数搬运完毕之时,此塔将毁损,也就是世界末日来临之时。

【例 1.8】若将汉诺塔的 64 片圆盘全部移动完成,利用递归法求解共需移动多少次?

递归算法-汉诺塔

圆盘个数	移动次数
1	1
2	3
3	7 = 3 + 1 + 3
4	15 = 7 + 1 + 7
...	...
n	F(n) = 2 * F(n-1) + 1

图 1.14 "汉诺塔"递归法分析

这里不考虑程序实现的语言环境，给出汉诺塔的递归法描述如下。

```
调用函数：
    Call TowerofHanoi(64)
函数定义： TowerofHanoi(n)
  If n = 1 Then
      Return 1
  Else
      Call TowerofHanoi(n - 1) * 2 + 1
  End If
```

需要注意的是，递归法的两个过程：顺推和逆推，也就是，递进和回归。

递进是指，调用函数语句 Call Towerof Hanoi(64)，使得函数启动，并进行不断的自我调用，每次自我调用就使得程序递进一层。如同我们不断地看镜子中的自己，视觉效果是逐层深入的。

回归是指，当程序逐层深入直到 n=1 时(If n = 1 Then)，返回数值 1(Return 1)。此时函数按照由内向外的顺序，依次返回到上一层函数，直到返回第一层程序结束。如同我们把目光从镜中收回，视觉效果是逐层返回的。

习　　题

一、填空题

1. 高级语言的运行方式有两种，它们是＿＿＿型语言和＿＿＿型语言。

2. 算法是为解决一个特定问题所采取的确定的＿＿＿运算序列。

3. 算法的基本特征为＿＿＿，＿＿＿，＿＿＿，＿＿＿，＿＿＿。

4. 算法的控制结构有＿＿＿，＿＿＿，＿＿＿。

5. 常用的算法的表示方法有＿＿＿，＿＿＿，＿＿＿，＿＿＿等。

6. 穷举法求解的关键，一是解的＿＿＿可预期，二是解的＿＿＿可推算。

7. 递推法的关键，一是问题规模为 1 的＿＿＿已知或可求解；二是问题规模为 i 时具有相同的＿＿＿且可知。

8. 递归法的两个过程是＿＿＿；＿＿＿。

二、判断题

1. 程序就是算法，算法就是程序。　　　　　　　　　　　　　　　　（　）

2. 算法的时间复杂度是指算法运行所花费的时间。　　　　　　　　　（　）

3. 算法的空间复杂度是指算法需要消耗的内存空间。　　　　　　　　（　）

4. 编译型高级语言的目标代码是二进制代码，可以由计算机直接执行。（　）

5. 高级语言的代码是可以由计算机直接执行的代码。　　　　　　　　（　）

三、简答题

1. 请用自然语言描述算法：从键盘输入 3 个数，输出其中最大的数。

2. 请用伪代码描述算法：从键盘输入 3 个数，输出其中最大的数，并绘制出此算法的流程图。

3. "百钱百鸡" 问题是我国古代经典的数学问题，请查找相关资料写出问题的描述，并选择一种算法策略来求解，写出具体算法实现的过程。

4. "德罗斯特现象" 是递归的视觉呈现，结合相关资料谈谈你对递归思想的理解，试着拍一张此现象的照片。

获取本章教学课件，请扫右侧二维码。

第 1 章　程序与算法.pptx

第 2 章 Python 语言概述

2.1 Python 的产生与特性

2.1.1 Python 语言的发展

2.1.mp4

Python 的原创者吉多·范罗苏姆(Guido van Rossum)是荷兰人。1982 年，范罗苏姆从阿姆斯特丹大学(University of Amsterdam，UvA)获得了数学和计算机硕士学位。在那个时候，他接触并使用过如 Pascal、C、Fortran 等语言，这些语言的基本设计原则是让机器能更快运行。在 20 世纪 80 年代，个人电脑的配置很低，如早期的 Macintosh 只有 8MHz 的中央处理器(Central Processing Unit，CPU)主频和 128KB 的随机存取存储器(Random Access Memory，RAM)，一个大的数组就能占满内存，所有编译器的核心是做优化以便让程序能够运行。为了提高效率，程序员需要像计算机一样思考，以便能写出更符合机器口味的程序。这种编程方式让 Guido 感到苦恼，他知道如何用 C 语言写出一个功能，但整个编写过程需要耗费大量的时间。于是，受 UNIX 系统解释器 Bourne Shell 的启发，Python 应运而生。

Python 这个名字来自 Guido 所挚爱的电视剧 "Monty Python's Flying Circus"。他希望这个新的叫作 Python 的语言能符合他的理想，创造一种在 C 语言和 shell 脚本之间的语言，其功能全面、易学易用、并可拓展。

1991 年，第一个 Python 编译器(同时也是解释器)诞生。它是用 C 语言实现的，并能够调用 C 库(.so 文件)，已经具有了类(class)、函数(function)、异常处理(exception)，包括了列表(list)和词典(dictionary)等数据类型，以及以模块(module)为基础的拓展系统。

由于 Python 的开源性，它经历了一个快速发展阶段。

```
Python 2.0 - 2001/06/22
Python 2.4 - 2004/11/30
Python 2.5 - 2006/09/19
Python 2.6 - 2008/10/01
Python 2.7 - 2010/07/03
Python 3.0 - 2008/12/03
…
Python 3.5 - 2015/09/13
…
Python 3.9 - 2020-10-05
```

2014 年 11 月，Python 发布消息，将在 2020 年停止对 2.0+版本的支持，并且不会再发布 2.8 版本，建议用户尽可能地迁移到 3.4+。Python 3 相对早期的版本是一个较大的升级，但是，Python 3 在设计的时候没有考虑向下兼容，所以很多早期版本的 Python 程序无法在 Python 3 上运行。为了照顾早期的版本，推出了过渡版本 2.6，它基本使用了 Python 2.X 的语法和库，同时考虑了向 Python 3.0 的迁移，允许使用部分 Python 3.0 的语法与函数。2010 年继续推出了兼容版本 2.7。

2.1.2　Python 语言的特性

Python 崇尚优美、清晰、简单，是一个优秀并广泛使用的语言。

1. 语法简单

Python 语法很多来自 C 语言，但又与 C 语言有很大的不同。Python 程序没有太多的语法细节和规则要求，采用强制缩进的方式。这些语法规定让代码的可读性更好，编写的代码质量更高，使得程序员能够更简单、高效地解决问题，在编程时能够专注于解决问题而不是语言本身。

2. 可移植性

用 Python 编写的代码可以移植在许多平台上，这些平台包括 Linux、Windows、FreeBSD、Macintosh、Solaris、OS/2、Amiga、AROS、AS/400、BeOS、OS/390、z/OS、Palm OS、QNX、VMS、Psion、Acom RISC OS、VxWorks、PlayStation、Sharp Zaurus、Windows CE，甚至还有 PocketPC、Symbian 及 Google 基于 Linux 开发的 Android 平台等。

3. 黏性扩展

Python 又被称为胶水语言，它具有优秀的可拓展性。Python 可以在多个层次上拓展，既可以在高层引入.py 文件，也可以在底层引用 C 语言的库。Python 已经拥有 12 万余个标准库和第三方库，它可以完成的操作包括正则表达式、文档生成、单元测试、线程、数据库、网页浏览器、图形用户界面(graphical user interface，GUI)等操作。Python 的编程就像钢结构房屋一样，程序员可以在此框架下自由地搭建功能。

4. 开源理念

Python 语言是一种开源语言，使用者可以自由地发布这个软件的拷贝、阅读它的源代码、对它做改动，也可以把它的一部分用于新的自由软件中。正是由于 Python 的完全开源，吸引了越来越多优秀人才加入进来，形成了庞大的 Python 社区。如今，各种社区提供了成千上万的开源函数模块，而且还在不断地发展。

5. 面向对象

Python 既支持面向过程的函数编程也支持面向对象的抽象编程。在面向过程的语言中，程序是由过程或仅仅是可重用代码的函数构建起来的；而在面向对象的语言中，程序是由数据和功能组合而成的对象构建起来的。与其他主要的语言如 C++和 Java 相比，Python 以一种非常强大又简单的方式实现面向对象编程。

2.2 Python 的安装与运行

2.2.1 Python 的下载和安装

搭建 Python 的开发环境，就是指安装 Python 的解释器。集成开发和学习环境 (integrated development and learning environment，IDLE)是开发 Python 程序的基本集成开发环境(intergrated development environment，IDE)，具备基本的功能，是非商业 Python 开发不错的选择。只要安装了 Python，IDLE 就自动安装好了。

Python 的安装非常简单。首先，需要进入 python 官方网站 http://www.python.org/downloads/ 下载适合操作系统的安装包。

这里会显示已发布的最新版本，并且会随时进行更新，如图 2.1 所示。在这里要根据相应的操作系统选择不同的版本，如选择"Python For Windows"，如图 2.2 所示。在列出的版本列表中选择一个版本，单击下载。

图 2.1　Python 官方网站

Active Python Releases

For more information visit the Python Developer's Guide.

Python version	Maintenance status	First released	End of support	Release schedule
3.9	bugfix	2020-10-05	2025-10	PEP 596
3.8	bugfix	2019-10-14	2024-10	PEP 569
3.7	security	2018-06-27	2023-06-27	PEP 537
3.6	security	2016-12-23	2021-12-23	PEP 494
2.7	end-of-life	2010-07-03	2020-01-01	PEP 373

图 2.2　Python 官网发布的版本

Python 3 对 Python 2 进行了重大升级，Python 已经不再进行 Python 2 的后续更新，Python 3 不完全向下兼容 2.X 程序。本书所有程序和案例全部基于 Python 3，建议初学者选择 3.X 版本下载并安装。

安装程序会在默认安装目录下安装 Python.exe、库文件及其他文件。这里请注意，为了能够在 Windows 命令行窗口直接调用 Python 文件，需要在安装时将 Python 安装目录添加到系统变量 Path 中。请在安装时，选中复选框"Add Python 3.6 to PATH"，如图 2.3 所示。安装过程非常简单，只要按照安装向导，单击下一步就可以了，如图 2.4 所示。

图 2.3 Python 安装

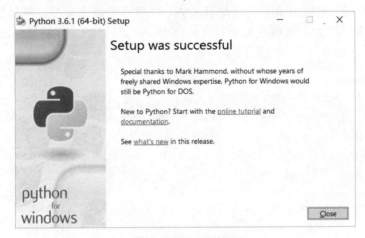

图 2.4 Python 安装成功

安装完成后，就可以进入 Python 集成开发环境进行编程了。本书将采用 IDLE 作为开发环境，Python 也同时支持其他的第三方开发环境。

 小贴士

下面是几款比较常用的第三方开发环境。

```
Pycharm
VIM
Eclipse with PyDev
Sublime Text
Komodo Edit
PyScripter
Interactive Editor for Python
```

2.2.2 Python 的运行

Python 安装完成后，在 Windows 的"开始"菜单中选择"程序"→Python 3.6→IDLE (Python 3.6 64bit)，就可以启动内置的解释器(IDLE 集成开发环境)，如图 2.5 所示。

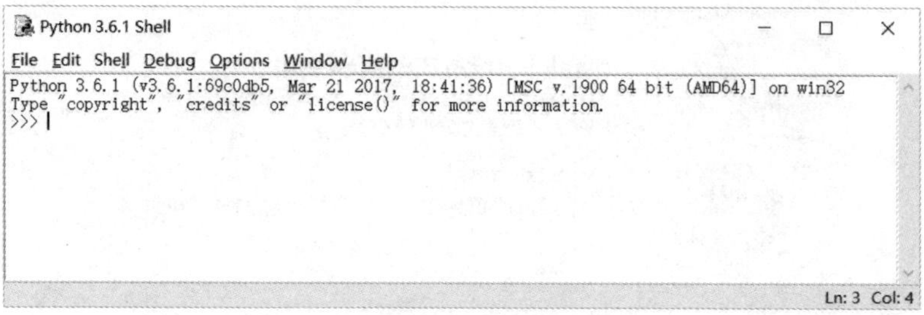

图 2.5 IDLE 集成开发环境

在 Python 解释器(IDLE)中可以采用两种运行方式：命令行方式和文件执行方式。

1．命令行方式

命令行方式是一种交互式的命令解释方式，当输入一条命令后，解释器(Shell)即负责解释并执行命令。例如，直接在提示符(>>>)后输入语句，下一行将显示出命令的输出结果，如图 2.6 所示。

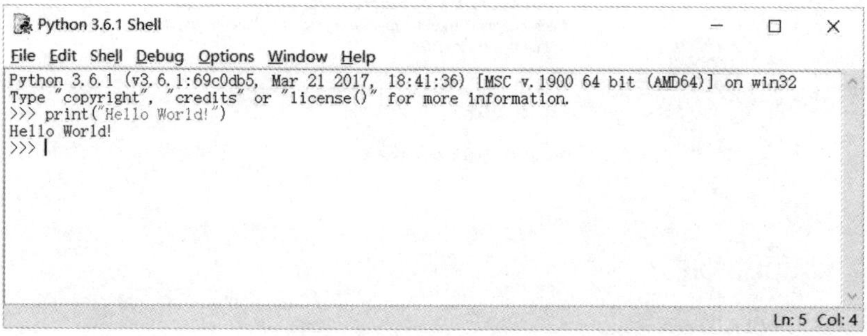

图 2.6 命令行方式

下面语句的作用是，打印输出一行文本"Hello World！"。

```
>>> print("Hello World!")
```

2．文件执行方式

文件执行方式是在解释器中建立程序文件(以.py 为扩展名)，然后调用并执行这个文件。

(1) 在解释器的 File 菜单中选择 New File 命令新建一个文件，将命令写入并保存(Save)到文件"hello.py"中，如图 2.7 所示。

(2) 在文件 hello.py 的窗口中，选择 Run→Run Module 命令，就可以在 Python 的解释器中运行程序，如图 2.8 所示。

运行结果如图 2.9 所示。

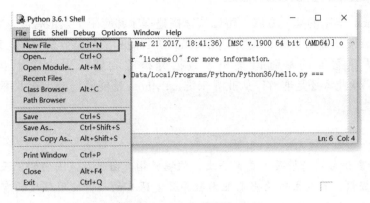

图 2.7　IDLE 文件执行方式

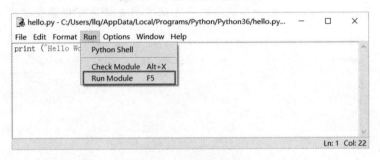

图 2.8　文件执行过程

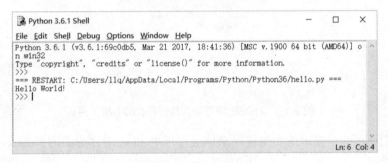

图 2.9　文件执行结果

(3) 若要打开已经存在的程序文件并运行，可在解释器(IDLE)中，选择 File→Open File 命令打开一个文件，在打开的文件窗口中选择 Run→Run Module 命令，就可以运行此程序。

2.3　Python 的基本语法

2.3.1　初识程序

Python 语言没有过多地强调语法细节，它的代码可读性强且更高效。Python 是完全开源的语言，具有优秀的可拓展性。Python 至今已有超过 12 万个第三方库，几乎覆盖信息技术的所有领域。

使用 Python 丰富的第三方库，可以快速搭建程序并应用于人工智能、Web 开发、网络爬虫、游戏开发及数据分析等领域。尤其在人工智能和大数据分析领域，Python 语言是目前公认的人工智能的基础语言和大数据分析的利器。无论对于互联网(internet technology，IT)从业者还是非 IT 从业者来说，Python 都能够提高工作效率，进而提升自己的综合竞争力。

TIOBE 开发语言排行榜每月更新一次，依据的指数由世界范围内的资深软件工程师和第三方供应商提供，其结果作为当前业内程序开发语言的流行使用程度的有效指标。该指数可以用来检阅开发者的编程技能是否跟上趋势，或是否有必要做出改变，以及什么编程语言是应该及时掌握的。该指数对世界范围内开发语言的走势具有重要参考意义，如图 2.10 所示。

Jan 2021	Jan 2020	Change	Programming Language	Ratings	Change
1	2	⌃	C	17.38%	+1.61%
2	1	⌄	Java	11.96%	-4.93%
3	3		Python	11.72%	+2.01%
4	4		C++	7.56%	+1.99%
5	5		C#	3.95%	-1.40%
6	6		Visual Basic	3.84%	-1.44%
7	7		JavaScript	2.20%	-0.25%
8	8		PHP	1.99%	-0.41%
9	18	⌃⌃	R	1.90%	+1.10%
10	23	⌃⌃	Groovy	1.84%	+1.23%

图 2.10　TIOBE 编程语言排行榜(2021 年 1 月)

本节我们通过几个简单的实例程序来体会一下 Python 语言的简洁和高效，以及程序的基本构成和语法。

【例 2.1】绘制基本图形：使用 turtle 库绘制正 N 边形。

```
1 #example2.1 这是一个绘制正 N 边形的程序
2 import turtle as t                      #导入 turtle 库
3 n=eval(input('请输入绘制的边数 N:'))      #输入边数
4 w=eval(input('请输入绘制的线宽 W:'))      #输入线宽
5 t.reset()
6 t.pensize(w)
7 t.circle(100,None,steps=N)              #绘制正 N 边形
```

运行程序需要依次输入 N 和 W，然后在绘图窗口显示结果，如图 2.11 所示。

```
>>>
========= RESTART:C:\Users\Python\example2.1.py =========
请输入绘制的边数 N:10
请输入绘制的线宽 W:3
>>>
```

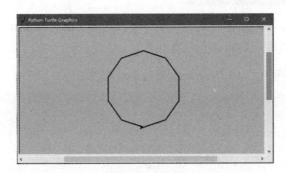

图 2.11 例 2.1 程序运行结果

 注 意

代码中每句前面的序号，只是为了说明方便，实际编程时不需要输入。

说 明

本程序的功能是绘制一个正 N 边形，各语句的功能如下。

第 1 句："#"符号表示此句为注释。

第 2 句：导入 turtle 库。turtle 库是标准库，使用前需要导入。

第 3 句：要求用户输入边数，并将输入值赋值给 n。

第 4 句：要求用户输入线宽，并将输入值赋值给 W。

第 5 句：将 turtle 绘图窗口重置。也就是清空窗口，重置 turtle 为起始状态。

第 6 句：设置画笔的宽度为 W。

第 7 句：绘制一个半径为 100 的圆的内接正 N 边形。

【例 2.2】简单计算问题：100 以内自然数的累加和。

```
1 #example 2.2
2 sum=0                        #定义变量 sum
3 for i in range(1,101):
4     sum=sum+i                #计算累加和
5 print("自然数 1-100 的累加和为：",sum)      #输出计算结果
```

程序运行结果如下。

```
>>>
==== RESTART: C:\Users\Python\example2.2.py ====
自然数 1-100 的累加和为： 5050
>>>
```

说 明

根据图 1.12 所示的递推法求累加和的算法流程，可知各行代码的功能如下。

第 1 行："#"符号表示此句为注释。

第 2 行：sum 是变量且初值为 0，用来存放累加运算的结果。

第 3 行：for 是遍历循环，此句表示使 i 循环遍历整数区间(1~101)。

第 4 行：sum=sum+i 是递推公式，表示每次循环对 i 值进行累加。此句前面有缩进。

第 5 行：循环结束后，输出显示计算结果。

【例 2.3】数据可视化：用 Pyecharts 库绘制柱形图。

```
1 #example2.3
2 from pyecharts import Bar
3 columns = ["Jan", "Feb", "Mar", "Apr", "May", "Jun"]
4 data1 = [2.0, 4.9, 7.0, 23.2, 25.6, 76.7]
5 data2 = [2.6, 5.9, 9.0, 26.4, 28.7, 70.7]
6 bar = Bar("柱状图", "2020年上半年降水量与蒸发量")
7 bar.add("降水量", columns, data1, \
       mark_line=["average"], mark_point=["max", "min"])
8 bar.add("蒸发量", columns, data2, \
       mark_line=["average"], mark_point=["max", "min"])
9 bar.render("chart1.html")
```

 说明

第 1 行："#"符号表示此句为注释。

第 2 行：导入第三方函数库 pyecharts 中的 Bar 函数。

第 3 行：设置柱形图的行坐标名称。

第 4 行、第 5 行：设置数据项。

第 6 行：设置柱状图主标题与副标题。

第 7 行、第 8 行：添加柱状图的数据及配置项。

第 9 行：生成本地文件。

程序运行结果如图 2.12 所示。

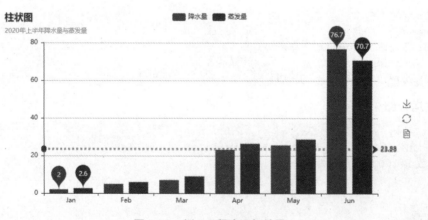

图 2.12　例 2.3 程序运行结果

 小贴士

本节实例中使用的 turtle 和 pyecharts 都被称为"库"或"函数库"。"库"指的是具有特定功能的程序模块的集合。Python 语言丰富的函数库是其主要的特色之一。Python 的

"库"有三种,它们是内置函数库、标准函数库和第三方函数库。其中,内置函数库可以直接使用;另外两种函数库都需要使用 import 语句导入后才能使用。区别在于,标准库可直接从系统目录中导入,第三方库则需要先下载再安装。导入后它们的调用方式是一样的。turtle 是标准库函数,pyecharts 是第三方函数库。

2.3.2　语法规则

1．注释

注释是在程序中用来对语句、运算等进行说明和备注。适当添加注释语句可以很好地增加程序的可读性,同时也便于代码的调试和纠错。

Python 中用"#"符号表示单行注释,用"'''"(3 个单引号)表示多行注释。注释语句仅是说明性文字,不会作为代码被执行。在 IDLE 窗口中,注释语句以红色或绿色文字标出,用以区别代码部分。

2．关键字

关键字(Keyword)又称保留字,是 Python 系统内部定义和使用的特定标识符。每种程序设计语言都有自己的关键字。例 2.1 第二行中的 import、as、例 2.2 第 3 行中的 for、in 都是关键字。

Python 3.5.X 中共有 33 个关键字,使用下面语句可显示关键字,关键字的列表如下。

```
>>> import keyword
>>> print(keyword.kwlist)
 ['False', 'None', 'True', 'and', 'as', 'assert', 'break', 'class',
'continue', 'def', 'del', 'elif', 'else', 'except', 'finally', 'for',
'from', 'global', 'if', 'import', 'in', 'is', 'lambda', 'nonlocal', 'not',
 'or', 'pass', 'raise', 'return', 'try', 'while', 'with', 'yield']
>>>
```

3．标识符

标识符用来表示常量、变量、函数、对象等程序要素的名字。例如,例 2.1 中 n、w 是变量名,t 是库的别名,它们都是标识符。通常标识符要由能够明确说明数据特征、用途和性质等的字符构成,字符串仅允许包含字母、数字、下划线或汉字,且必须要符合下面的命名规则。

(1) 首字符必须是字母、汉字或下划线。

(2) 中间可以是字母、汉字、下划线或数字,但不能有空格。

(3) 字母区分大小写(大写 S 和小写 s 代表不同的名称)。

(4) 不能使用 Python 的关键字。

4．强制缩进

Python 使用强制缩进表示代码块。缩进的空格数是可变的,但是同一个代码块中的语句必须包含相同的缩进空格数。如例 2.2 中的 3 条语句。

```
3 for i in range(1,101):
4     sum=sum+i                          #计算累加和
5 print("自然数1-100的累加和为：",sum)      #输出计算结果
```

其中，第 4 行前面的缩进表示此句是 for 循环中的语句块，也就是说，此句是被循环执行的语句。第 5 行前面没有缩进，表示此句不是循环中的语句块，也就是说，此句在循环结束后才被执行。

如果不能正确使用缩进，可能会使代码运行结果完全不同，甚至出现错误。例如，将例 2.2 的代码修改为如下两种形式。

```
#example 修改1：循环中语句块不同，使程序结果完全不同。
sum=0
for i in range(1,101):
    sum=sum+i
    print("自然数1-100的累加和为：",sum)
```

由于最后一行语句增加了缩进，循环中的语句块变为两条语句，因此程序的运行结果与原例的结果完全不同。

```
#example 修改2：缩进不一致，导致出现语法错误。
sum=0
for i in range(1,101):
    sum=sum+i
  print("自然数1-100的累加和为：",sum)
```

由于最后两行语句缩进的空格数不一致，因此程序运行错误，如图 2.13 所示。

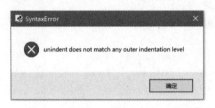

图 2.13　缩进不一致引起的语法错误

5. 一句多行

Python 中通常是一行语句占一行，但如果语句过长，可以使用反斜杠"\"来实现语句的续行。例如例 2.3 代码中的第 7 行和第 8 行。

```
7 bar.add("降水量", columns, data1, \
      mark_line=["average"], mark_point=["max", "min"])
8 bar.add("蒸发量", columns, data2, \
      mark_line=["average"], mark_point=["max", "min"])
```

例 2.3 中第 7 行和第 8 行经过"\"续行后，虽然代码都占两行，但是都作为一条语句来执行。需要注意的是，在 []、{}或 () 中的多行语句，不需要使用反斜杠"\"，例如下面语句。

```
data1 = [2.0, 4.9, 7.0, 23.2,
        25.6, 76.7]
```

6. 多句一行

Python 可以在同一行中使用多条语句，语句之间使用分号";"分隔。例如，在 IDLE 命令行中输入一行语句，执行三条命令，分别是半径 r 等于 10、计算面积 s、显示计算结果。语句的输入及运行结果如下。

```
>>> r=10;s=3.1415926*r*r;print("圆的面积为：",s)
圆的面积为： 314.15926
>>>
```

需要注意的是，适当地使用这种方法可以缩小代码长度，使程序简洁。但是过度使用可能会造成程序结构不清，可读性差，同时给程序调试带来困难。

2.4 程序设计基础

2.4.1 问题求解的程序结构

高级语言的程序是用来求解特定问题的，而问题的求解可以归结为计算问题。利用计算机解决计算问题时，一般情况下，程序都遵循数据输入(Input)、数据处理(Process)、数据输出(Output)的基本结构。这种程序结构反映了实际问题的计算过程。

【例 2.4】欧几里得算法(求最大公约数)的程序实现。

```
# example2.4
a,b=eval(input('输入两个自然数a,b==>'))    #输入两个自然数，注意使用英文逗号间隔
r=a%b
while r!=0:
    a=b
    b=r
    r=a%b
print('最大公约数为：',b)
```

程序运行结果如下。

```
>>>
======== RESTART: C:\Users\example2.4.py ========
输入两个自然数a,b==>12075,4655
最大公约数为： 35
>>>
```

数据输入(Input)是问题求解所需数据的获取，可以由函数、文件等完成输入，也可以由用户输入，如例 2.4 中的 input 语句，用来返回用户输入的两个自然数。input 是标准输入函数，是程序获取输入最常用的一种方法。

数据处理(Process)是对输入数据进行运算。这里的运算可以是数值运算、文本处理、数据库操作等。可以使用运算符、表达式实现简单的运算，或者调用函数、方法完成复杂运算。如例 2.4 中计算余数的语句 r=a%b，赋值语句 a=b、b=r。对于复杂处理过程可以使用程序的分支和循环结构，例 2.4 的计算最大公约数算法是要反复取余 r，直到 r=0，所以使用的是循环语句 while。

数据输出(Output)是显示输出数据计算的结果，有 print 输出、图形输出、文件输出等形式。print 语句是标准输出语句，可以将结果显示到屏幕上，它有标准输出和格式化输出等不同形式。如例 2.4 中的语句 print('最大公约数为：',b)是 print 语句标准输出的用法，用来在屏幕上显示程序的运算结果。

【例 2.5】求一元二次方程 $ax^2+bx+c=0$ 的实根。

```python
# example2.5
a=int(input("请输入 a: "))        #输入 a
b=int(input("请输入 b: "))        #输入 b
c=int(input("请输入 c: "))        #输入 c
d=b**2-4*a*c
if d>=0:                          #判断是否有实根
    x1=(-b+d**0.5)/(2*a)
    x2=(-b-d**0.5)/(2*a)
    print('方程的根: x1=%f,x2=%f'%(x1,x2))
else:
    print('input data Error! ')
```

程序运行结果如下。

```
>>>
=========== RESTART: C:\Users\Python\example1.2.py ============
请输入 a: 1
请输入 b: -2
请输入 c: 1
方程的根: x1=1.000000,x2=1.000000
>>>
=========== RESTART: C:\Users\Python\example1.2.py ============
请输入 a: 1
请输入 b: 2
请输入 c: 3
input data Error!
>>>
```

说 明

(1) 数据输入：通过 input()函数，用户输入方程的三个系数 a、b、c。

(2) 数据处理：计算 $d=b^2+4ac$ 的值和两个实根。在语句 d=b**2-4*a*c 中，"**" 是乘方运算符。

(3) 数据输出：求得的实根或者提示信息。print()中的 "%" 用来控制显示数据样式。

小贴士

语句 if...else 用来实现程序的分支结构，当 d≥0 时，计算方程的两个实根，否则显示信息提示错误。语句 a=int(input("请输入 a: "))中的 int 是取整函数，用来将 input 输入的数据转换为整数。

2.4.2　函数是什么

上面的案例用到了几个函数：input()、print()、eval()和 int()。那么，程序中的函数是什么呢？

高级语言中的函数就是一段代码的封装，用来实现某种特定的运算或功能。简单地说，对于一些较复杂的运算或者程序设计需要的基本功能，由开发人员编码并实现，在完成后将代码进行封装形成的程序模块就称为函数。这样，使用者不用关心这些运算和功能的具体实现细节，只要调用这些函数就可以进行运算或完成想要的功能。

程序中的函数调用与数学函数的方法类似，都是通过函数名和给定参数的方式进行计算。比如，三角函数中的正弦函数 sin(x)用来计算 x 正弦值，其中 x 是函数的自变量，如图 2.14 所示。

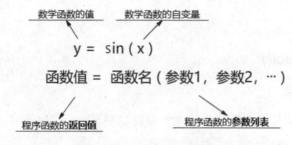

图 2.14　函数概念的解析

Python 中的函数名就是经过封装的代码模块的名称，参数是函数模块运行需要的数据，相当于模块的输入。通常情况下，函数的参数不止一个，而是一个参数的列表。要正确使用程序语言中的函数，除了要了解函数的功能和名称，还要准确掌握不同函数的参数数量、参数意义和参数类型，否则语句运行时将出现语法错误。

Python 的函数有三种：内置函数、标准库函数、第三方库函数。顾名思义，内置函数是系统自带的可以直接使用的函数，如案例中的 input、print、eval 等都是内置函数。标准库函数是系统自带的外部函数，需要先用 import 导入函数库后才能使用，turtle 是标准库函数。第三方库函数由相关人员或机构开发，需要先进行函数库的安装，再导入，然后才能使用。如 pyecharts 就是第三方函数库。函数的调用过程如图 2.15 所示。

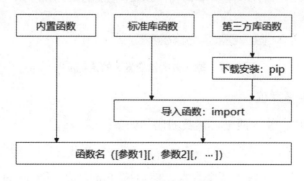

图 2.15　函数的调用过程

小贴士

"函"字始见于商代甲骨文，它的字形很像一个袋子里装着一支箭的形状，袋子上还有一个便于手拿或挂在腰上的提手或挂钩。"函"的本义即箭袋，泛指包物的东西，又特指包信等物的封套。函数中的"函"就是取其封装之意，程序中的函数是指一段代码的封装(encapsulation)。封装是面向对象程序设计方法的重要原则，就是把对象的属性和操作结合为一个独立的整体，并尽可能隐藏对象的内部实现细节。"函"字的演变如图 2.16 所示。

图 2.16   "函"字的演变

2.4.3   输入函数 input()

1. 函数的语法格式

input 是输入函数，用来读取用户输入的数据，并返回一个字符串，具体格式如下。

```
<变量名>=input(["提示信息"])
```

说 明

(1)   "="是赋值运算符，表示将用户输入的数据赋值给变量，如图 2.17 所示。

(2)   "提示信息"是一个字符串，它是一个可选参数，使用时可以省略。

(3)   函数的默认返回值是输入数据的字符串。

(4)   当需要返回数值数据时，则须使用类型转换函数进行转换。

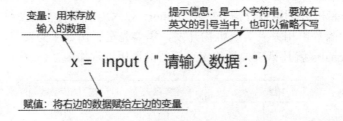

图 2.17   输入数据给变量 x 的语句示例

2. 同时为多个变量赋值

例如：在例 2.4 中，输入两个自然数的语句如下。

```
a,b=eval(input('输入两个自然数 a，b：'))
```

这条语句要求用户首先输入两个数据，然后按 Enter 键，则 input 函数返回输入的数据，并分别赋值给变量 a 和 b。输入时的界面如图 2.18 所示。

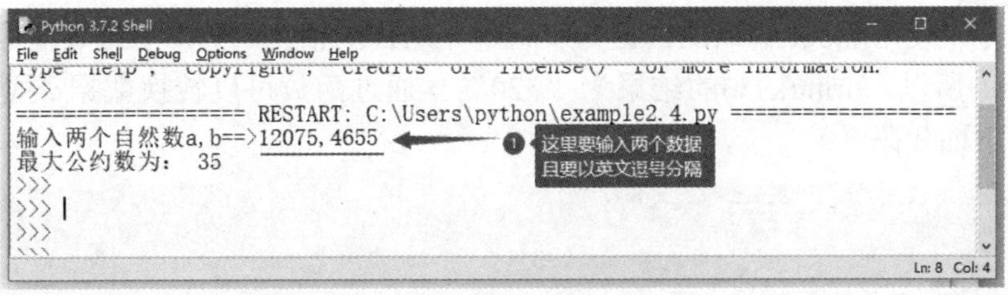

图 2.18　多个数据的正确输入方式

需要注意的是，当输入多个数据时，数据之间一定要以英文的逗号分隔。如果不能正确输入数据，则系统会报错并显示相应的错误信息，如图 2.19 所示。

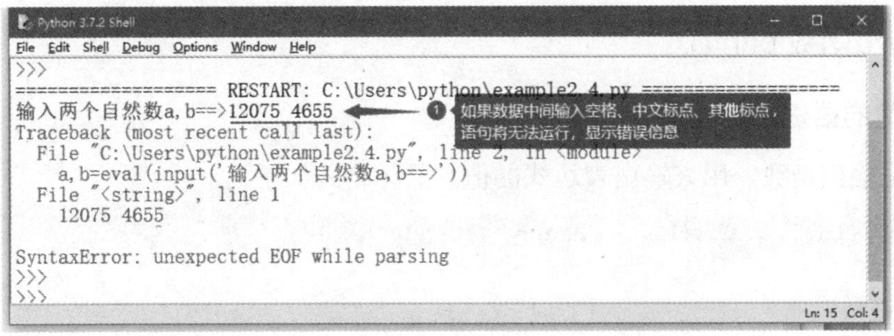

图 2.19　数据输入不正确时的系统提示信息

3. 使用函数转换数据类型

在默认情况下，input 函数返回的值是输入数据的字符串。也就是说，函数会将完整的用户输入形成一个字符串返回。

当需要使用 input 函数返回其他类型数据时，则须使用类型转换函数进行转换。下面两条语句分别将输入数据转换为整数类型和原数据类型，如图 2.20 所示。

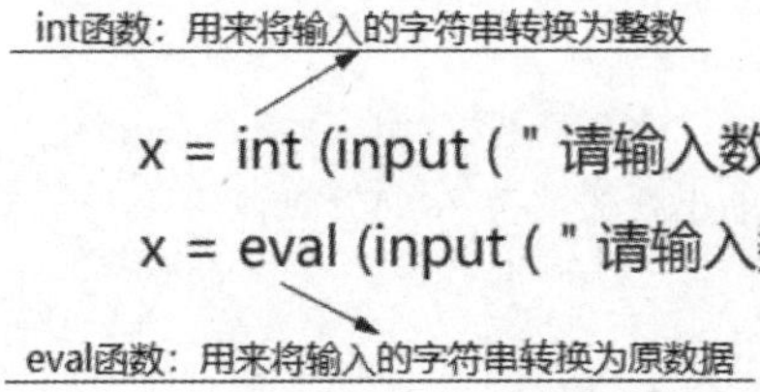

int函数：用来将输入的字符串转换为整数

$$x = int(input("请输入数据："))$$
$$x = eval(input("请输入数据："))$$

eval函数：用来将输入的字符串转换为原数据

图 2.20　数据转换的语句示例

例如下面代码。

```
>>> x=input('input x=>')
input x=>5
>>> y=input('input y=>')
input y=>20
>>> print(x+y)
520
>>>
```

上面命令中使用 input 输入的数据为字符串，这样的话，x+y 并不是数值运算，而是字符串的连接，所以，print(x+y)的结果为"520"。通过函数可以转换数据类型，实现数值运算，例如下面代码。

```
>>> x=int(input('input x=>'))
input x=>5
>>> y=eval(input('input y=>'))
input y=>10
>>> print(x+y)
15
>>>
```

2.4.4 输出函数 print()

1. 函数的语法格式

print 是输出函数，用来输出表达式的值，具体格式如下。

```
print(value1, value12,...,sep=' ',end='\n')
```

(1) value: 表示要输出显示的值的列表，各个值之间用逗号","隔开。Print()输出显示值列表中常量和变量的值，以及其中表达式的计算结果。

(2) sep=' ': 表示各输出值间的分隔符，默认情况下以空格分隔。修改 sep 的值可以自定义分隔符。

(3) end='\n': 表示添加到最后一个输出值后面的结束符，默认情况下以回车结束(换行输出)。修改 end 的值可以自定义结束符。

(4) 无参数时，print()函数输出一个空行。

【例 2.6】print 的测试程序。

```
#example2.6
print("~~~~~~这是一个 print 的小测试~~~~~~")
print()                          #输出空行
print("Python Python",5,20)
print("Python"+"Python",5*100+20)
a="Python";b=8*100+80;c=51       #给三个变量赋值
print(a*3,b,sep="51")
print(a*3,c,b,sep="~",end="hehehe!")
print()                          #输出空行
print(c,b,sep="",end="")
print(c+40,b,sep="")
```

程序运行结果如下。

```
>>>
======== RESTART: C:\Users\example2.6.py ========
~~~~~~这是一个 print 的小测试~~~~~~
```

```
Python Python 5 20
PythonPython 520
PythonPythonPython51880
PythonPythonPython~51~880hehehe!
5188091880
>>>
```

2. 控制数据输出的样式

1) 分行显示字符串

【例 2.7】两种字符串分行显示的方法示例。

```
#example2.7 荀子之劝学
劝学="    劝    学\n        荀子"    #此句中的\n 是转义字符，表示换行
劝学 1='''
君子曰：学不可以已。
青，取之于蓝，而青于蓝；
冰，水为之，而寒于水。'''                #此句用三引号'''定义一个多行字符串
print(劝学)
print(劝学 1)
```

程序运行结果如图 2.21 所示。

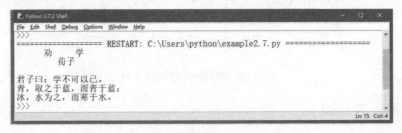

图 2.21　例 2.7 程序运行结果

在上例程序中用到了两种字符串分行的方法。

第一种方法，在字符串加入转义字符 "\n"，print 时会将其转义为一个 "回车符"。

第二种方法，使用三引号 "'''" 定义一个多行字符串，print 会原样输出此字符串。

高级语言中的转义字符是以 "\" 开头的特殊字符，使用转义字符便于在程序编码中完成输出格式的控制，常用的转义字符有换行符(\n)、回车符(\r)等。

Python 中的字符串以单引号、双引号或三引号作为标识。其中，三引号标识的字符串可以多行。三引号可以是三个连续的单引号或者双引号。三引号也可以是注释代码。

2) 设置数据的小数位数

【例 2.8】计算圆的面积并保留 4 位小数。

```
#example2.8
半径=eval(input("请输入半径："))
```

```
面积=3.1415926*半径**2
print('======计算结果======')
print('圆的面积为：%.4f'%面积)
```

运行结果如下。

```
>>>
======== RESTART: C:\Users\example2.8.py ========
请输入半径：12.4
======计算结果======
圆的面积为：483.0513
>>>
```

说 明

例 2.8 程序中的语句 print('圆的面积为：%.4f'%面积)中的字符串"%.4f"是格式说明符，表示此处要显示一个值，它是一个保留四位小数的浮点数；要显示的"值"是变量"面积"中存放的计算结果，如图 2.22 所示。

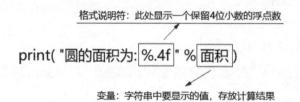

图 2.22　格式说明符用法示例

2.4.5　转换函数 eval()

eval 函数用来执行一个字符串表达式，并返回表达式的值。eval 函数的语法格式如下。

```
eval(表达式[,globals[,locals]])
```

 说 明

(1) 表达式：必须是一个字符串表达式。

(2) globals：变量作用域，全局命名空间，必须是一个字典对象，此参数为可选参数。

(3) Locals：变量作用域，局部命名空间，可以是任何映射对象，此参数为可选参数。

简单地说，eval 函数的作用是将字符串引号当中的内容提取出来形成一个表达式。如果表达式合法有效，则求值并返回计算结果；如果表达式无效，则提示错误。例如下面代码。

```
>>> x=7
>>> y=eval('3*x')
>>> z=eval('x+y')
>>> print(x,y,z)
7 21 28
>>>
```

【例 2.9】简单公式计算器。

```
#example2.9
print("\n======这是一个简单公式计算器======")
print("======公式中必须使用英文符号======\n")
expr=eval(input("请在这里输入要计算的公式："))
print("\n======计算结果为:",expr)
```

例 2.9 中的程序只用了四条语句就完成一个公式计算器，通过三个函数分别实现了输入、运算与输出。其中，input() 函数获取用户输入信息并返回字符串，eval() 函数提取该字符串中的表达式并计算，print() 函数输出显示结果。

程序运行结果如下。

```
>>>
======这是一个简单公式计算器======
======公式中必须使用英文符号======

请在这里输入要计算的公式: 5+2*10-(18/6)

======计算结果为: 22.0
>>>
```

2.4.6　变量与赋值

在程序运行过程中，其值不发生改变的数据对象称为常量。常量是指一旦初始化后就不能修改的固定值，按其值的类型分为整型常量、浮点型常量、字符串常量等。在 C、C++等高级语言中通常使用 const 关键字来定义常量，而在 Python 中并没有类似的定义常量的关键字，但是 Python 可以通过定义对象类的方法来创建。

在程序运行过程中，可以随着程序的运行更改的量称为变量。变量对应计算机内存中的一块区域，用来存储数据的值，不同类型的数据所分配的存储空间不同。Python 中的变量不需要声明，变量的赋值操作即是变量的声明和定义的过程。变量命名要符合标识符的命名规则，参见 2.3.2 节。

1. 高级语言中的变量

计算机的内存是以字节为单位的存储区域，为了便于访问，每个存储单元有自己的编码，这种编码称为内存地址。通过内存地址访问存储空间，就如同我们通过门牌号码来投递邮件。实际上，程序要访问内存中的数据并不需要知道其物理地址。这是因为在高级语言中，是用变量名来指向这个物理地址。

变量是指一个特定的存储空间，即一定字节数的内存单元。这一组存储单元用来存放指定的数据，而数据是可以随时变化的。通常情况下，在使用变量之前需要定义变量，定义变量就是定义变量的名称、类型和值。变量的类型决定了分配的内存单元的多少，即多少个字节。变量的名称就是对这一组内存单元的引用，这样，程序员就不必关心数据具体的存储地址，只要使用变量名就可以访问数据了，如图 2.23 所示。变量值发生改变时，改变的是存储单元中的内容，而变量的地址是不变的。

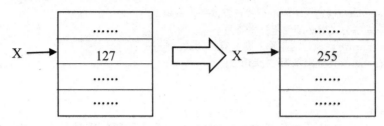

图 2.23 高级语言中的变量是地址的引用

2．Python 中的变量

Python 中的变量与其他高级语言中的变量不同。Python 语言没有专门定义变量的语句，而是使用赋值语句完成变量的定义。用赋值语句给变量赋值的同时就定义了变量。变量名并不是对内存地址的引用，而是对数据的引用，如图 2.24 所示。也就是说，用赋值语句对变量重新赋值时，Python 为其分配了新的内存单元，变量将指向新的地址，变量的地址发生了变化。

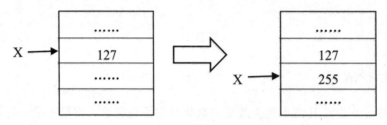

图 2.24 Python 中的变量是对数据的引用

使用 id 函数可以查看变量的内存地址。例如下面代码。

```
>>> x=127
>>> id(x)
1412875264
>>> x=255
>>> id(x)
1412879360
>>>
```

第 1 行代码定义了一个名为 x 的变量，该变量的初始值为 127。

第 2 行代码，输出变量 x 的地址为 1412875264。

第 3 行代码再次定义了一个名为 x 的变量，该变量的初始值为 255。

第 4 行代码，输出变量 x 的地址 1412879360。

可以发现变量 x 两次输出的内存地址并不相同，也就是说，Python 中的变量名是对数据的引用。当变量的值发生变化时，它的地址也随之变化。

Python 虽然不需要显式地声明变量及其类型，但是如果变量未经赋值就使用，解译器会提示错误。如下例中，在变量 z 没有赋值的前提下，不能直接输出 z 的值，否则会提示运行错误。也就是说，当给变量赋值时，就创建了该变量及数据类型。

```
>>> print(z)
Traceback (most recent call last):
  File "<pyshell#33>", line 1, in <module>
    print(z)
NameError: name 'z' is not defined
>>>
```

3. 变量的赋值

Python 中的赋值语句用来定义变量的类型和数值。赋值语句有多种形式，包括一般形式、增量赋值、链式赋值及多重赋值等。

1)　一般形式

在 Python 中，赋值号就是等号"="。赋值语句的一般形式如下。

```
<变量名>=<表达式>
```

赋值号的左边必须是变量名，右边则是表达式。赋值语句先计算表达式的值，然后使变量指向该数据。

```
>>> a=0                          #变量 a 指向数据 0
>>> b=1                          #变量 b 指向数据 1
>>> print(id(a),id(b))
1412871360 1412871456            #变量 a、变量 b 分别指向不同的数据
>>> a=b                          #变量 a 指向变量 b 数据
>>> print(id(a),id(b))
1412871456 1412871456            #变量 a、变量 b 指向相同的数据
>>>
```

2)　增量赋值

Python 中提供了 12 种增量赋值运算符，这 12 种增量赋值运算符如下。

```
+=、-=、*=、/=、//=、%=、**=、<<=、>>=、&=、|=、^=
```

例如：赋值语句 x+=5 相当于 x=x+5，如下例。

```
>>> x=10                         #x 赋值为 10
>>> x+=5                         #相当于 x=x+5
>>> x                            #x 的当前值为 15
15
>>> x*=5                         #相当于 x=x*5
>>> x                            #x 的当前值为 75
75
>>> x/=5                         #相当于 x=x/5
>>> x
15.0                             #x 的当前值为 15.0
```

3)　链式赋值

链式赋值的语句形式如下。

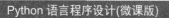

```
<变量 1>=<变量 2>=…=<变量 n>=<表达式>
```

链式赋值用于为多个变量赋一个相同的值。链式赋值先计算最后的表达式的值，然后将变量全部指向此数据对象。下例中的 x、y、z 指向同一个数据对象 3.1415926。

```
>>> x=y=z=3.1415926          #将 3.1415926 同时赋值给 x,y,z
>>> print(id(x),id(y),id(z)) #x,y,z 指向同一个地址
34190728 34190728 34190728
>>> print(x,y,z)
3.1415926 3.1415926 3.1415926
>>>
```

4) 多重赋值

多重赋值语句的形式如下。

```
<变量 1>,<变量 2>,…,<变量 n>=<表达式 1>,<表达式 2>,…<表达式 n>
```

赋值号两边的变量和表达式数量要一致，多重赋值先计算赋值号右边各表达式的值，然后按照顺序分别赋值给左边的变量。

```
>>> a,b=3,5
>>> print(a,b)               #多重赋值的结果 a=3, b=5
3 5
>>> a,b=3,a
>>> print(a,b)               #多重赋值的结果 a=3, b=3
3 3
>>>
```

使用多重赋值语句可以方便地实现两个变量的数据交换。例如下面代码。

```
>>> a,b=3,5
>>> a,b=b,a                  #多重赋值实现 a,b 的数据交换
>>> print(a,b)
5 3
>>>
```

正是因为 Python 中的变量名是对数据的引用，所以一条多重赋值语句就可以完成两个变量的数据交换，这体现了 Python 语言简洁高效的风格。在其他高级语言中，若要实现两个变量 a 和 b 的数据交换，需要使用第三个变量 t，通过三条语句来实现。例如下面代码。

```
>>> t=a
>>> a=b
>>> b=t
```

2.5 turtle 绘图

turtle 库是 Python 的标准库之一，使用其中的函数可以在绘图窗口中绘制各种图形。turtle 的含义为"海龟"，其函数绘图的过程被想象成一只小海龟在画布上爬行的过程，海龟走过的轨迹就形成了图形。画布由 x 轴和 y 轴构成一个坐标系统，海龟的爬行起点是画

布的中心，也就是坐标系统的原点(0,0)。海龟爬行的动作及方向则由 turtle 库中的不同函数来控制。

2.5.1　标准库的导入

在 Python 中，函数库又被称为模块，它是一个包含所有定义函数和变量的文件，其扩展名是.py。函数库中的标准库和第三方库都需要先导入再调用。导入模块的语句是 import，它有下面三种形式。

(1) 导入一个或多个模块的全部函数，其格式如下。

```
import <模块名1> [,<模块名2>[,...<模块名N>] [as <别名>]
```

(2) 导入某个模块的指定函数，其格式如下。

```
from <模块名> import <函数名1> [,<函数名2>[,...<函数名N>]
```

(3) 导入某个模块的全部函数，其格式如下。

```
from <模块名> import *
```

(1) 在使用第 1 种形式导入模块后，在调用函数名前需要加上模块名作为前缀。例如，下面的两条语句的作用是，在导入 turtle 库后，调用 turtle.forward 函数使小海龟前进 15 个像素。

```
>>> import turtle
>>> turtle.forward(15)
```

(2) 使用第 2 种方式和第 3 种方式导入模块后，函数名的前缀则可省略。例如，下面的语句与上面的语句作用相同，只是函数名的前缀被省略了。

```
>>> from turtle import *
>>> forward(15)
```

(3) 为了增加程序的可读性，可以使用模块别名的方式来简化函数名的前缀。例如，下面语句定义的模块，其别名为 t，可以作为函数的前缀使用。

```
>>> import turtle as t
>>> t.forward(15)
```

turtle 库导入完成后，使用其中的函数可以控制小海龟的动作，这样就可以在绘图窗口的画布上绘制各种图形了。

【例 2.10】绘制一个正方形。

```
#example2.10
import turtle as t        #导入 turtle，别名为 t
t.setup(300,200)          #设置画布大小
for i in range(4):        #从原点开始绘制一个正方形
    t.forward(50)         #前进 50 个像素
    t.left(90)            #向左旋转 90°
```

程序运行结果如图 2.25 所示。

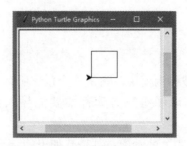

图 2.25　turtle 绘制正方形

 说 明

　　在例 2.10 中，程序控制海龟在 300 像素×200 像素的画布中，从画布的中心开始绘制一个边长为 50 像素的正方形。程序中的 for 语句是循环结构，经过 4 次循环分别绘制正方形的四条边。

　　turtle 绘图简单易学，在 Python 的官网上被介绍为是一个向孩子们讲解编程的常用图形工具，比较适合初学者用于程序设计入门。在开始绘图之前，首先要了解一下 turtle 的绘图环境及相关函数的用法。

2.5.2　窗口与画布

1. 绘图窗口

1)　设置窗口

　　绘图窗口(Python turtle graphics)是 turtle 绘图的主窗口，在默认情况下，窗口宽度为当前屏幕宽度的 50%，高度为当前屏幕高度的 75%，位置在屏幕中心。也就是说，默认的绘图窗口的大小会根据当前使用的电脑屏幕分辨率而各有不同。使用 setup 函数可以设置绘图窗口的大小和位置。

```
turtle.setup(width,height,startx,starty)
```

 说 明

　　width: 整数，表示以像素为单位的宽度；小数，表示宽度占屏幕宽度的比例。
　　height: 整数，表示以像素为单位的高度；小数，表示高度占屏幕高度的比例。
　　startx: 正数，表示窗口初始位置距离屏幕左边缘的像素距离；负数，表示距离右边缘的像素距离；None，表示窗口在屏幕水平居中。
　　starty: 正数，表示窗口初始位置距离屏幕上边缘的像素距离；负数，表示距离下边缘的像素距离，None，表示窗口在屏幕垂直居中。

2)　位置参数

　　setup 函数的位置参数 startx 和 starty 都是指窗口左上角在当前电脑屏幕上的相对距离，绘图窗口与电脑屏幕的各参数关系如图 2.26 所示。

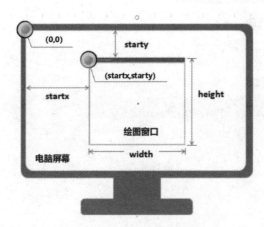

图 2.26　窗口的位置参数解析

例如：执行下面的语句。

```
>>>import turtle
>>> turtle.setup (200, 200, 0, 0)
>>>              # 设置窗口大小为 200 像素×200 像素，初始位置在屏幕的左上角
>>> turtle.setup(.75, 0.5, None, None)
>>>              # 窗口宽度和高度分别为屏幕宽度和高度的 75% 和 50%，位置居中
>>> turtle.setup()
>>>              # 当参数都省略时，表示设置窗口为默认的初始状态
```

 说　明

第一条 setup 语句：设置窗口大小为 200 像素×200 像素，窗口的左上角在(0, 0)的位置，也就是在屏幕的左上角。

第二条 setup 语句：设置窗口宽度为当前屏幕宽度的 75%，高度为当前屏幕高度的 50%，参数 startx 和 starty 为 None(可省略不写)，位于当前屏幕中心，此设置为系统默认设置。

第三条 setup 语句：当所有参数都省略时，将窗口大小和位置设置为默认的初始状态。

绘图窗口会在海龟发生绘图动作时自动弹出，画布位于绘图窗口中，海龟在画布中爬行形成了图形。当绘图窗口小于画布时，窗口两侧会出现滚动条。

2. 设置画布

画布就是 turtle 的绘图区域。在默认情况下，画布的大小为 400 像素×300 像素，即画布的宽度为 400 像素，高度为 300 像素，画布位于窗口中心。可以使用 screensize 函数设置它的大小和背景颜色。

```
turtle.screensize(canvwidth=None, canvheight=None, bg=None)
```

 说　明

canvwidth：正整数，表示画布的像素宽度。

canvheight：正整数，表示画布的像素高度。

bg：颜色字符串或颜色元组，表示画布的背景颜色。

例如：执行下面的语句。

```
>>> turtle.screensize()
(400, 300)
>>> turtle.bgcolor()
'white'
>>> turtle.screensize(800,600,"blue")
>>> turtle.screensize()
(800, 600)
>>> turtle.bgcolor()
'blue'
>>>
```

 说 明

turtle.screensize()：当参数都省略时，返回当前画布的宽度和高度(canvwidth 和 canvheight)。

turtle.bgcolor()：用来返回当前画布的背景颜色字符串。

小贴士

设置颜色要使用颜色字符串。颜色字符串是以双引号或单引号括起来的一个颜色名称，使用时必须保证引号为英文标点。常用的颜色字符串有 white(白色)、yellow(黄色)、magenta(洋红)、cyan(青色)、blue(蓝色)、black(黑色)、purple(紫色)等。

3. 坐标系统

在绘图窗口上，默认有一个坐标原点为窗口中心的坐标轴，坐标原点上有一只头朝向 x 轴正方向的小海龟。当海龟处于绘图状态时，只要控制好海龟的位置和方向，就可以在坐标系统中准确地绘制图形。窗口的坐标系统如图 2.27 所示。

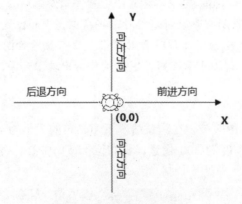

图 2.27　窗口的坐标系统

例如下面代码。

```
>>> import turtle as t
>>> t.pos()                    #海龟的初始位置在坐标原点(0,0)
(0.00,0.00)
```

```
>>> t.forward(150)              #沿初始的前进方向移动 150 像素
>>> t.pos()
(150.00,0.00)                   #海龟的当前位置坐标为(150,0)
>>> t.left(90)                  #控制海龟向左转动 90°
>>> t.forward(150)             #沿当前的前进方向移动 150 像素
>>> t.pos()
(150.00,150.00)                 #海龟的初始位置坐标为(150,150)
>>> t.home()                    #海龟回到初始位置(0,0)和方向(X 轴正方向)
>>> t.pos()
(0.00,0.00)
>>> t.goto(200,200)            #海龟移动到坐标点(200,200)
>>> t.pos()
(200.00,200.00)
>>>
```

2.5.3　绘图动作与状态

1. 绘图状态与控制

```
turtle.pendown() | turtle.pd() | turtle.down()
```

设置画笔为可绘图状态，此时画笔放下，移动时可绘图。

```
turtle.penup() | turtle.pu() | turtle.up()
```

设置画笔为非绘图状态，此时画笔抬起，移动时不绘图。

```
turtle.pensize(width=None) | turtle.width(width=None)
```

设置画笔的宽度。参数为正数时，线条宽度为相应像素值。参数省略时，返回当前宽度。

2. 绘图动作与方向

1)　相对移动

```
turtle.forward(distance) | turtle.fd(distance)
```

设置海龟在当前位置沿前进方向移动相应的像素距离，参数可为整数或浮点数。

```
turtle.back(distance) | turtle.bk(distance) | turtle.backward(distance)
```

设置海龟在当前位置沿后退方向移动相应的像素距离，参数可为整数或浮点数。

2)　绝对移动

```
turtle.goto(x, y=None)
turtle.setpos(x, y=None) | turtle.setposition(x, y=None)
```

将海龟移动至坐标系统中的一个绝对位置，其中，x 为一个数字或一组坐标，y 为一个数字或省略。

3)　相对方向

```
turtle.right(angle) | turtle.rt(angle)
```

设置海龟沿当前方向向右旋转指定角度，参数可为整数或浮点数。

```
turtle.left(angle) | turtle.lt(angle)
```

设置海龟沿当前方向向左旋转指定角度，参数可为整数或浮点数。

4) 绝对方向

```
turtle.setheading(to_angle) | turtle.seth(to_angle)
```

设置海龟方向为一个绝对角度(相对 x 轴正方向的角度)，参数可为整数或浮点数。

5) 初始化海龟

```
turtle.home()
```

初始化海龟的位置和方向，海龟回到位置(0, 0)，方向指向 x 轴正方向。

【例2.11】绘制一个以原点为中心、边长为 50 像素的正方形。

```
#example2.11
import turtle as t          #导入函数库，并设置别名为t
t.setup(300,200)            #设置窗口大小为 300 像素*200 像素
t.pensize(2)               #设置画笔线条宽度为 2 像素
t.penup()                  #设置画笔抬起，非绘图状态
t.goto(-25,-25)            #移动海龟至绝对位置(-25,-25)
t.pendown()                #设置画笔放下，进入绘图状态
for i in range(4):         #绘制正方形
    t.forward(50)
    t.left(90)
```

程序运行结果如图 2.28 所示。

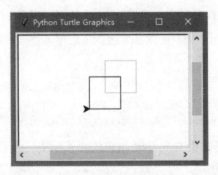

图 2.28 以原点为中心的正方形与从原点出发的正方形位置对比

2.5.4 画笔控制与颜色控制

1. 画笔控制

```
turtle.circle(radius, extent=None, steps=None)
```

绘制一个半径为 radius 的圆。角度 extent 给出时，绘制一个圆弧。steps 给定时，绘制圆的正内接多边形。

```
turtle.dot(size=None, *color)
```

绘制一个指定颜色和大小的圆点。

```
turtle.speed(speed=None)
```

设置绘图速度。参数为 0～10 的一个整数，0 值为最快。参数省略时，返回当前速度。

```
turtle.delay(delay=None)
```

以毫秒为单位设置动画延迟。延迟越长，动画速度越慢。参数省略时，返回当前延迟。

2. 颜色控制

```
turtle.color(*args)
```

设置或返回画笔颜色和填充颜色，参数省略时，返回当前画笔颜色和填充颜色。
color(colorstring1, colorstring2)：参数为颜色字符串的形式。
color((r1,g1,b1), (r2,g2,b2))：参数为颜色元组的形式。
用给定的第一组参数设置画笔颜色，第二组参数设置填充颜色。

```
turtle.begin_fill()
```

形状填充的开始语句。

```
turtle.end_fill()
```

使用填充颜色填充在 begin_fill()之后绘制的形状。

【例 2.12】绘制有填充效果的多边形。

```
#example2.12
import turtle as t
t.setup(300,200,0,0)
t.title("circle 绘制五边形")        #设置窗口标题
t.bgcolor("light grey")            #设置窗口背景色
t.color("black","red")             #设置画笔颜色和填充颜色
t.dot()                            #在原点画一个圆点
t.pensize(2)
t.pu()
t.goto(0,-40)
t.pd()
t.delay(20)                        #设置延迟为 20 毫秒
t.circle(40)                       #绘制半径为 40 像素的圆
t.begin_fill()                     #开始填充
t.circle(40,steps=5)               #绘制半径为 40 像素的圆的内接正五边形
t.end_fill()                       #结束填充
```

 说　明

使用 circle 函数可以绘制正多边形，这种方法因为不使用循环，所以更简单。如程序中的语句 t.circle(40,steps=5)，表示绘制一个半径为 40 像素的圆的内接正五边形。要绘制正 N 边形只需要改变 steps 的值就可以了。

程序运行结果如图 2.29 所示。

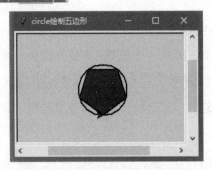

图 2.29　绘制有填充效果的多边形

2.5.5　常用函数及功能

常用函数及功能见表 2.1。更多函数及说明详见 Python 官方文档。

表 2.1　turtle 常用函数及功能

分类	功能	函 数 名	说　明
绘图状态与控制	绘图状态	turtle.pendown() | turtle.pd() | turtle.down()	设置画笔为可绘图状态，此时画笔移动可绘图
		turtle.penup() | turtle.pu() | turtle.up()	设置画笔为非绘图状态，此时画笔移动不绘图
		turtle.pensize(width=None) | turtle.width(width=None)	设置画笔的宽度。参数为正数时，线条宽度为相应像素值。参数省略时，返回当前宽度
	当前状态	turtle.position() | turtle.pos()	返回海龟当前位置的坐标
		turtle.distance(x, y=None)	返回海龟当前位置与坐标点(x,y)的距离
		turtle.heading()	返回海龟当前的方向
绘图动作与方向	相对移动	turtle.forward(distance) | turtle.fd(distance)	设置海龟在当前位置沿前进方向移动相应的像素距离，参数可为整数或浮点数
		turtle.back(distance) | turtle.bk(distance) | turtle.backward(distance)	设置海龟在当前位置沿后退方向移动相应的像素距离，参数可为整数或浮点数
	绝对移动	turtle.goto(x, y=None) | turtle.setpos(x, y=None) | turtle.setposition(x, y=None)	将海龟移动至坐标系中的一个绝对位置，其中，x 为一个数字或一组坐标，y 为一个数字或省略
	相对方向	turtle.right(angle) | turtle.rt(angle)	设置海龟沿当前方向向右旋转指定角度，参数可为整数或浮点数
		turtle.left(angle) | turtle.lt(angle)	设置海龟沿当前方向向左旋转指定角度，参数可为整数或浮点数
	绝对方向	turtle.setheading(to_angle) | turtle.seth(to_angle)	设置海龟方向为一个绝对角度(相对 x 轴正方向的角度)，参数可为整数或浮点数
	还原默认	turtle.home()	海龟为初始状态，位置为(0,0)且朝向 x 轴正方向

续表

分类	功能	函 数 名	说　明
画笔控制与颜色	画笔控制	turtle.circle(radius, extent=None,steps=None)	绘制一个半径为 radius 的圆。角度 extent 给出时，绘制一个圆弧。steps 给定时，绘制圆的正内接多边形
		turtle.dot(size=None,*color)	绘制一个指定颜色和大小的圆点
		turtle.write(arg, move=False, align="left", font=("Arial", 8, "normal"))	在当前位置书写 arg 中的文本。align 设置文本对齐方式，font 元组设置字体、字号和字形。move 为 True 时，将画笔移动至文本右下角
	画笔控制	turtle.undo()	
		turtle.speed(speed=None)	设置绘图速度。参数为 0~10 的一个整数，0 值为最快。参数省略时，返回当前速度
		turtle.delay(delay=None)	以毫秒为单位设置动画延迟。延迟越长，动画速度越慢。参数省略时，返回当前延迟
		turtle.tracer(n=None, delay=None)	打开或关闭绘图动画，并设置延迟
	颜色控制	turtle.color(*args)	设置或返回画笔颜色和填充颜色，参数省略时，返回当前画笔颜色和填充颜色 color(colorstring1, colorstring2)：参数为颜色字符串的形式 color((r1,g1,b1), (r2,g2,b2))：参数为颜色元组的形式 用给定的第一组参数设置画笔颜色，第二组参数设置填充颜色
		turtle.pencolor(*args)	设置画笔颜色，参数可以为颜色字符串，或者 rgb 颜色元组。参数省略时，返回当前颜色
		turtle.fillcolor(*args)	设置或返回填充颜色。参数可以为颜色字符串，或者 rgb 颜色元组。参数省略时，返回当前填充颜色
		turtle.filling()	返回当前颜色填充的状态
		turtle.begin_fill()	形状填充的开始语句
		turtle.end_fill()	使用填充颜色填充在 begin_fill() 之后绘制的形状
窗口与画布	大小位置	turtle.setup(width,height,startx,starty)	设置绘图窗口的宽度和高度，以及在屏幕上的位置。参数为空时，设置窗口为初始大小和位置
		turtle.screensize(canvwidth=None, canvheight=None, bg=None)	设置或返回画布的大小和背景颜色
	其他	turtle.bgcolor(*args)	设置绘图窗口的背景颜色，参数省略时返回当前颜色
		turtle.clear()	turtle.clearscreen()	删除所有绘图，重置绘图窗口大小和位置为初始状态

续表

分类	功能	函 数 名	说 明
窗口与画布	其他	turtle.reset() | turtle.resetscreen()	重置窗口中海龟为初始状态
		turtle.window_height()	返回绘图窗口的高度
		turtle.window_width()	返回绘图窗口的宽度
		turtle.bye()	关闭绘图窗口
		turtle.undo()	撤销绘图
		turtle.title(titlestring)	设置绘图窗口的标题栏

习　题

一、填空题

1. Python 程序文件的扩展名为_____。

2. Python 有两种运行方式，_____方式和_____方式。

3. 问题求解的基本结构 IPO，分别指_____，_____，_____。

4. Python 中使用_____来表示代码块，不需要使用大括号"{}"。

5. Python 中使用_____来注释语句和运算。

6. 语句 print(10,20,30, sep=':') 的输出结果为_____。

7. 查看变量内存地址的内置函数是_____。

8. Python 中的 import 语句的作用是_____。

9. 用 turtle 库绘图时，海龟的默认起始位置的坐标是_____。

10. 设置 turtle 绘图窗口大小的函数名是_____。

11. 可以设置 turtle 画笔颜色和填充颜色的函数是_____。

12. 将海龟的方向调整为绝对方向 90° 的语句是_____。

二、判断题

1. Python 的标识符首字符可以是数字、字母或下划线。　　　　　　　　（　　）

2. Python 的标识符区分字母的大小写，大写 X 和小写 x 代表不同的变量。（　　）

3. Python 3.X 完全兼容 Python 2.X。　　　　　　　　　　　　　　　（　　）

4. 为了让代码更加紧凑，编写 Python 程序时应尽量避免加入空格和空行。（　　）

5. 在 Python 中可以使用 for 作为变量名。　　　　　　　　　　　　　（　　）

6. Python 关键字不可以作为变量名。　　　　　　　　　　　　　　　（　　）

7. Python 变量名区分大小写，所以 student 和 Student 不是同一个变量。（　　）

8. Python 标准库函数是系统自带的，可直接调用，不需要导入。　　　　（　　）

9. turtle 库是 Python 的标准库，不需要先安装，但是需要导入后才能使用。（　　）

10. turtle 绘图的画布，在默认情况下与绘图窗口的大小相同。　　　　　（　　）

11. turtle.bgcolor 函数可以设置窗口的背景颜色。 （　　）

12. 使用 turtle.circle 函数可以绘制正多边形。 （　　）

13. turtle.left(90)表示将海龟沿 x 轴正方向向左旋转 90°。 （　　）

三、简答题

1. 简述 Python 语言有哪些特性。

2. 简述模块导入语句 import 的用法。

获取本章教学课件，请扫右侧二维码。

第 2 章 Python 语言概述.pptx

第 3 章 基本数据运算与函数

学习目标

- 了解 Python 的基本数据类型
- 熟悉 Python 的运算符和表达式
- 掌握常用内置函数的使用方法
- 掌握常用标准库函数的使用方法

3.1 基本数据类型

3.1.mp4

Python 中的数据类型包含基本数据类型和复合数据类型两种。其中，基本数据类型有整型、浮点型、复数型、字符串型和布尔型；组合数据类型有元组、列表和字典。本节仅介绍基本数据类型及其运算，组合数据类型将在后面的章节介绍。

使用 type()函数可以查看数据的类型。例如下面代码。

```
>>> type("Python")     #type()函数的功能是返回参数的数据类型
<class 'str'>
>>> type(True)
<class 'bool'>
>>> type(3.1415926)
<class 'float'>
>>> type(0)
<class 'int'>
>>>
```

3.1.1 数值类型

数值型数据用于存储数值，并参与算术运算。Python 支持的数值型数据有整型(int)、浮点型(float)和复数型(complex)。

1. 整型(int)

整型是带正负号的整数数据。Python 3.X 中并不严格区分整型和长整型，且没有长度限制。整型数据类型表示的数值范围仅与计算机支持的内存大小有关，所以它几乎包括全部整数范围，远远超过其他高级语言的整型数据的表示范围，给数据计算带来了很大的便利。

Python 整型数的表示方法有以下几种。

(1) 十进制整数，如 10、255、-16。

(2) 二进制整数，以 0B 或 0b 开头的数据，如 0B11、0b100。

(3) 八进制整数，以 0O 或 0o 开头的数据，如 0O67、0o17。

(4) 十六进制整数，以 0X 或 0x 开头的数据，如 0X4a、0xff。

2. 浮点型(float)

浮点数表示实数数据，由整数部分、小数点和小数部分组成。使用下面的语句可以输出当前系统下浮点数所能表示的最大数 max 和最小数 min。

```
>>> import sys
>>> sys.float_info.max
1.7976931348623157e+308
>>> sys.float_info.min
2.2250738585072014e-308
>>>
```

Python 中的浮点数的表示方法如下。

(1) 十进制小数表示法，如 3.14、10.0、0.0 等。注意：这里的 0.0 不是 0，0 表示一个整数，而 0.0 表示一个浮点数。

(2) 科学计数表示法，用字母 e(或 E)表示以 10 为底数的指数，用 XeY 表示 $X*10^Y$。例如下面代码。

```
>>> 1.23456e10
12345600000.0
>>> 123.456e-2
1.23456
>>>
```

其中，X 表示数字部分，Y 表示指数部分，X 和 Y 必须同时出现，Y 必须为整数。合法的浮点数表示，如 12e3、12e-3、1.2e-3 等。不合法的浮点数表示，如 12e2.5、e3、1.2e、12e 等。

3. 复数型(complex)

复数型数据用来表示数学中的复数，复数是由实数部分和虚数部分组成的数，形如 x=a+bj。其中，a、b 为浮点数，a 是复数的实部，b 是复数的虚部。j 为"虚数单位"，j 的平方等于-1。

可以使用 x.real 和 x.imag 获得复数 x 的实部和虚部。例如下面代码。

```
>>> x=12.3+45j
>>> x
(12.3+45j)
>>> x.real
12.3
>>> x.imag
45.0
>>>
```

4. 数值类型间的转换

在进行算术运算时，Python 会自动完成数值类型间的转换。当参加运算的数值均为整型时，结果为整型。当有浮点型数值参与运算时，结果为浮点型。例如下面代码。

```
>>>
>>> 99+1                #整数相加得整数
100
>>> 99+1.000            #整数与实数相加得实数
100.0
>>> 99-1.0              #整数与实数相减得实数
98.0
>>> 99*1.0              #整数与实数相乘得实数
99.0
>>> 99/1.0              #整数与实数相除得实数
99.0
>>> >>>
```

3.1.2 字符串类型

Python 语言中的字符串类型是用引号括起来的一个或多个字符。用单引号(')和双引号(")括起来的字符串必须是单行字符串，用三引号(''')括起来的可以是多行字符串。需要注意的是，引号必须是英文标点，且三引号由三个单引号组成。

例如：下面语句定义了三个字符串变量。

```
>>> str='God Wants To Check The Air Quality'
>>> str1="God Wants To Check The Air Quality"
>>> str2='''God
Wants To Check
The Air Quality'''
>>>
```

3.1.3 布尔类型

布尔型数据用来表示具有两个确定状态的数据，它有真(True)和假(False)两个值。布尔型数据在计算机中用 1 或 0 来存储，1 代表逻辑真，0 代表逻辑假。而且 Python 中值为"空"的数据，如一个空字符串、一个空的元组等，它们的布尔值均为 False。

```
>>> x=True
>>> int(x)
1
>>> y=False
>>> int(y)
0
>>>
```

关系型表达式或逻辑型表达式的值为布尔型，在程序中通常用来表示条件。布尔型数据也可以参与算术运算。

```
>>> x=1
>>> y=2
>>> x>y
```

```
False
>>> x+(x>y)
1
>>>
```

3.2　运算符与表达式

3.2.1　算术运算符

Python 中的算术运算符和运算规则如表 3.1 所示。

表 3.1　算术运算符和运算规则

运算符	描　　述	实例(a=10,b=20)
+	加，两个数据相加	a + b 输出结果 30
–	减，得到负数或是一个数减去另一个数	a – b 输出结果 –10
*	乘，两个数相乘或是返回一个被重复若干次的字符串	a * b 输出结果 200
/	除，x 除以 y	b / a 输出结果 2
%	取模，返回除法的余数	b % a 输出结果 0
**	幂，返回 x 的 y 次幂	a**b 为 10 的 20 次方 输出结果 100000000000000000000
//	整除，返回商的整数部分	9//2 输出结果 4 9.0//2.0 输出结果 4.0

3.2.2　关系运算符

Python 中的关系运算符和运算规则如表 3.2 所示。

表 3.2　关系运算符和运算规则

运算符	描　　述	实例(a=10,b=20)
==	等于，比较对象是否相等	(a == b) 返回 False
!=	不等于，比较两个对象是否不相等	(a!= b) 返回 True
>	大于，返回 x 是否大于 y	(a > b) 返回 False
<	小于，返回 x 是否小于 y	(a < b) 返回 True
>=	大于等于，返回 x 是否大于等于 y	(a >= b) 返回 False
<=	小于等于，返回 x 是否小于等于 y	(a <= b) 返回 True

3.2.3　赋值运算符

Python 中的赋值运算符用来给对象赋值，运算规则如表 3.3 所示。

表3.3　赋值运算符和运算规则

运　算　符	描　　述	实　　例
=	简单的赋值运算符	c = a + b 将 a + b 的运算结果赋值为 c
+=	加法赋值运算符	c += a 等效于 c = c + a
-=	减法赋值运算符	c -= a 等效于 c = c - a
*=	乘法赋值运算符	c *= a 等效于 c = c * a
/=	除法赋值运算符	c /= a 等效于 c = c / a
%=	取模赋值运算符	c % = a 等效于 c = c % a
**=	幂赋值运算符	c **= a 等效于 c = c ** a
//=	取整赋值运算符	c //= a 等效于 c = c // a

3.2.4　逻辑运算符

Python 中的逻辑运算符和运算规则如表 3.4 所示。

表3.4　逻辑运算符和运算规则

运算符	描　　述	实例(x=True,y=False)
and	与运算，仅当 x=True 且 y=True 时，x and y 返回 True，其他情况均返回 False	(x and y) 返回 False
or	或运算，仅当 x=False 且 y=False 时，x or y 返回 False，其他情况均返回 True	(x or y) 返回 True
not	非运算，如果 x=True，返回 False。如果 x= False，返回 True	not(x) 返回 False

3.2.5　位运算符

Python 中的位运算和运算规则如表 3.5 所示。

表3.5　位运算符和运算规则

运算符	描　　述	实例(a=60,b=13)
&	按位与(AND)：参与运算的两个值的两个相应位都为 1，则该位的结果为 1；否则为 0	(a & b) 输出结果 12， 二进制解释：0000 1100
|	按位或(OR)：参与运算的两个值的两个相应位有一个为 1，则该位的结果为 1；否则为 0	(a | b) 输出结果 61， 二进制解释：0011 1101
^	按位异或(XOR)：当两个对应的二进制位相异时，结果为 1；相同时，结果为 0	(a ^ b) 输出结果 49， 二进制解释：0011 0001
~	按位翻转/取反(NOT)：对数据的每个二进制位取反，即把 1 变为 0，把 0 变为 1 由于用补码表示负数，因此 ~a= - (a+1)	(~a) 输出结果-61， 二进制解释：1100 0011 是一个有符号二进制数的补码形式

续表

运算符	描　述	实例(a=60,b=13)
<<	按位左移：运算数的各个二进制位全部左移若干位，高位丢弃，低位不补 0	a << 2 输出结果 240， 二进制解释：1111 0000
>>	按位右移：运算数的各个二进制位全部右移若干位	a >> 2 输出结果 15， 二进制解释：0000 1111

　　位运算符是把数值转换成二进制数再进行计算。若变量 a=60、b=13，则位运算的运算原理如下。

```
a = 0011 1100
b = 0000 1101
-----------------
a&b = 0000 1100
a|b = 0011 1101
a^b = 0011 0001
```

3.2.6　成员运算符

　　除上述运算符之外，Python 还支持成员运算符，运算规则如表 3.6 所示。

表 3.6　成员运算符和运算规则

运算符	描　述	实　例
in	如果在指定的数据结构中能找到值，返回 True，否则返回 False	x 在 y中，如果 x 在 y 中返回 True
not in	如果在指定的数据结构中没有找到值，返回 True，否则返回 False	x 不在 y中，如果 x 不在 y 中返回 True

3.2.7　身份运算符

　　身份运算符用于比较两个对象的存储单元，运算规则如表 3.7 所示。下表实例中 id() 函数用于获取对象的内存地址。

表 3.7　身份运算符和运算规则

运算符	描　述	实　例
is	is 是判断两个标识符是不是引用一个对象	x is y，类似 id(x) == id(y)，如果引用的是同一个对象，则返回 True，否则返回 False
is not	is not 是判断两个标识符是不是引用不同的对象	x is not y，类似 id(a) != id(b)。如果引用的不是同一个对象，则返回结果 True，否则返回 False

　　身份运算符的实例如下。

```
>>> x,y=10,20
>>> x=y
>>> x is y        #说明 x，y 引用的是同一个数据对象 20
True
>>>
```

3.2.8 表达式

运算符与参与运算的对象一起构成了 Python 的表达式，表达式的运算要遵循运算符的优先级。表 3.8 列出了所有运算符从高到低的优先级。

表 3.8 表达式运算优先级

运算符	描　述
**	指数(最高优先级)
~ + -	按位取反、正号和负号
* / % //	乘、除、取模和整除
+ -	加、减
>> <<	右移、左移运算符
&	位运算符
^ |	位运算符
<= <> >=	比较运算符
<> == !=	等于运算符
= %= /= //= -= += *= **=	赋值运算符
is is not	身份运算符
in not in	成员运算符
not or and	逻辑运算符

表达式的运算实例，not "Abc" == "abc" or 2 + 3>=5 and "23" < "3 "，运算结果如下。

```
>>> not "Abc"=="abc" or 2+3>=5 and "23"<"3"
True
>>>
```

运算符优先级决定了运算的顺序，想要改变它们的运算顺序，可以使用圆括号。

```
>>> not ("Abc"=="abc" or 2+3>=5 and "23"<"3")
False
>>>
```

3.3 常用内置函数

高级语言中的函数类似于数学中的函数，都是用来完成某些运算符无法完成的运算。函数就是一段完成某个运算的代码的封装。Python 中的函数分为内置函数、标准库函数和第三方库函数。丰富的库函数是 Python 区别于其他编程语言的主要特征，是快速求解问题和提高编程效率的主要工具。

3.3.1　概述

Python 内置函数是指可以随着解释器的运行而自动载入的函数，这类函数可直接使用，不需要使用 import 语句导入，用来完成一些简单运算符无法实现的运算功能。Python 内置函数按字母顺序的列表如表 3.9 所示。

表 3.9　Python 内置函数

abs()	dict()	help()	min()	setattr()
all()	dir()	hex()	next()	slice()
any()	divmod()	id()	object()	sorted()
ascii()	enumerate()	input()	oct()	staticmethod()
bin()	eval()	int()	open()	str()
bool()	exec()	isinstance()	ord()	sum()
bytearray()	filter()	issubclass()	pow()	super()
bytes()	float()	iter()	print()	tuple()
callable()	format()	len()	property()	type()
chr()	frozenset()	list()	range()	vars()
classmethod()	getattr()	locals()	repr()	zip()
compile()	globals()	map()	reversed()	__import__()
complex()	hasattr()	max()	round()	delattr()
hash()	memoryview()	set()		

Python 丰富的内置函数可以实现数值、字符、集合、输入输出等对象的特定运算，本节只介绍其中几个常用的函数，其他函数会在后面章节中继续介绍。

3.3.2　常用内置函数

部分常用内置函数的功能说明如表 3.10 所示。

表 3.10　Python 常用内置函数功能说明

函 数 名	功　　能
abs(x)	求绝对值，参数可以是整型、浮点型和复数型
all(iterable)	元素都为真时，函数值为 True；元素为空时，函数返回 True
any(iterable)	元素有一个为真时，函数值为 True；元素为空时，函数返回 False
bin(x)	将整数 x 转换为二进制数
bool([x])	将 x 转换为布尔型(Boolean 型)
chr(x)	返回整数 x 对应的 ASCII 字符

函 数 名	功 能
complex([real[, imag]])	创建一个复数
dict([arg])	创建字典
dir([object])	返回当前范围内的变量或对象的详细列表
divmod(a, b)	返回一个由商和余数构成的元组，参数可以为整型或浮点型
eval(str [,globals[,locals]])	将字符串 str 当成有效的表达式来求值并返回计算结果
float([x])	将一个字符串或数转换为浮点数。如果无参数将返回 0.0
format(value [, format_spec])	格式化输出字符串
help([object])	显示有关对象的帮助信息
hex(x)	将整数 x 转换为十六进制数
id(object)	返回对象的唯一标识
input([prompt])	返回用户输入
int([x[, base]])	将一个数字或 base 类型的字符串转换成整数，base 表示进制，默认为十进制
len(s)	返回对象长度或元素个数
list([iterable])	生成一个列表
locals()	返回当前的变量列表
max(iterable[, args...][key])	返回最大值
min(iterable[, args...][key])	返回最小值
oct(x)	将一个数字转换为八进制数
ord(s)	返回单个字符的 ASCII 码，返回值是一个整数
open(name[, mode[, buffering]])	打开文件
pow(x, y[, z])	返回 x 的 y 次幂
print(value1, value2 ..., sep=' ', end='\n')	按指定格式输出的函数
range([start], stop[, step])	产生一个序列，默认从 0 开始
round(x[, n])	将 x 进行四舍五入
sorted(iterable[, cmp[, key[, reverse]]])	排序
str([object])	转换为字符串类型
sum(iterable[, start])	求和
tuple([iterable])	生成一个元组
type(object)	返回该对象的类型

3.3.3 函数实例

1. 数值运算函数

abs(x)：返回一个 x 的绝对值，x 参数可以是整型或浮点型数据。

divmod(a,b)：返回由 a / b 的商和余数构成的一个元组，a、b 可以是整型或浮点型。

pow(x, y[, z])：返回 x 的 y 次幂，如果有参数 z，则返回 x 的 y 次幂与 z 的模。

　　　　　　pow(x, y, z) ⇔ pow(x, y) % z

　　　　　　pow(x, y) ⇔ x**y

round(x[, n])：对 x 进行四舍五入，n 为保留的小数位数，若省略则只保留整数。

```
>>> print(abs(10),abs(-10))
10 10
>>> print(divmod(10,4),divmod(10.5,2.5))
(2, 2) (4.0, 0.5)
>>> print(pow(2,3),pow(2,3,4))
8 0
>>> print(round(3.1415926,3),round(3.1415926))
3.142 3
>>>
```

2. 数制转换函数

int([x])：将十进制数值取整(截去小数部分)。

```
>>>int(3.14)                  # 3
>>>int(2e2)                   # 200
```

int([x[, base]])：将"base"进制的合法整数字符串转换成十进制整数。

```
>>>int(100, 2)                # 出错，base 被赋值后函数只接收字符串
>>>int('23')                  # 23，base 参数省略时默认为十进制数
>>>int('23',16)               # 35，将'23'作为十六进制数
>>>int('Pythontab',8)         # 出错，'Pythontab'不是八进制数
```

字符串 0x 视作十六进制的符号，0b 视作二进制的符号。

```
>>>int('0x10', 16)            # 16，0x 是十六进制的符号
>>>int('0b10',2)              # 2，0b 是二进制的符号
```

bin(x)：将十进制整数转换成二进制的数字字符串。

oct(x)：将十进制整数转换成八进制的数字字符串。

hex(x)：将十进制整数转换成十六进制的数字字符串。

```
>>> b=255
>>> print(bin(b),hex(b),oct(b))
0b11111111  0xff  0o377
>>> print(int('123', 16),int('123',8),int('123'))
291 83 123
>>>
```

3. 类型转换函数

bool([x])：返回 x 布尔值。

```
>>> x,y=0,1
>>> print(bool(x),bool(y))          #0 是 False，1 是 True
False True
>>> print(bool('abc'),bool(''))     #字符串为 True，空串为 False
```

```
True False
>>>
```

float([x])：返回一个浮点数。

```
>>> float('+1.23')
1.23
>>> float('   -12345\n')
-12345.0
>>> float('1e-003')
0.001
>>> float('+1E6')
1000000.0
>>> float('-Infinity')
-inf
```

ord()：返回单个字符的 ASCII 码，返回值是一个整数。

chr(i)：返回整数 i 对应的字符。与 ord()函数互为反函数。

```
>>> x='A'
>>> y=97
>>> ord(x)
65
>>> chr(y)
'a'
>>> chr(ord(x))
'A'
>>>
```

eval (str [,globals[,locals]])：将字符串 str 当成有效的表达式来求值并返回计算结果。

```
>>> x = 1
>>> eval('x+1')
2
>>> a='5,10'
>>> x,y=eval(a)
>>> print(x,y)
5 10
>>>
```

4. 集合运算函数

all()：元素均为 True 或元素为空时返回 True，否则返回 False。

any()：元素至少一个为 True 时返回 True，元素为空时返回 False。

```
>>> print(all([1,2,3]),all([0,1,2]),all([]))
True False True
>>> print(any([1,2,3]),any([0,1,2]),any([]))
True True False
>>>
```

max(iterable[, args...][key])：返回可迭代结构中的最大值。

min(iterable[, args...][key])：返回可迭代结构中的最小值。

```
>>> mylist=[5,9,98,20,126]
>>> print(max(mylist),min(mylist))
126 5
>>>
```

range([start], stop[, step])：产生一个序列，默认从 0 开始。

list([iterable])：产生一个列表。

tuple([iterable])：产生一个元组。

```
>>> x=range(1,10,2)        #生成一个 1<=x<10 的序列，步长为 2
>>> list(x)                #由序列生成一个列表
[1, 3, 5, 7, 9]
>>> tuple(x)               #由序列生成一个元组
(1, 3, 5, 7, 9)
>>>
```

5. 帮助函数

help([object])：查看函数用法的详细信息。

```
>>> help(round)            #查看 round 函数的使用说明
Help on built-in function round in module builtins:
round(...)
    round(number[, ndigits]) -> number

    Round a number to a given precision in decimal digits (default 0
digits).
    This returns an int when called with one argument, otherwise the
    same type as the number. ndigits may be negative.
>>>
```

3.4 常用标准库函数

Python 标准库模块存放在安装目录下的 Lib 文件夹下，每个模块都包含一系列的函数。与内置函数不同，要调用标准库函数，需要先使用 import 命令将函数或模块导入。常用的标准库模块有随机数(random)模块、时间(time)模块、数学库(math)模块和日历(calendar)模块等。

3.4.1 random 模块

随机数可以用于数学、游戏及安全等领域，还经常被嵌入算法中，用以提高算法效率和程序的安全性。Python 中的常用随机数函数如表 3.11 所示。

表 3.11 random 模块常用函数功能说明

函　　数	描　　述
seed([a])	初始化随机数生成器的种子，默认为系统时间。需要在生成随机数之前调用此函数

续表

函 数	描 述
random()	生成一个[0.0,1.0)之间的随机浮点数
randint(a,b)	生成一个[a,b]之间的随机整数，其中 a<=b
randrange ([start,]stop [,step])	生成一个[start,stop)之间的，以 step 为步长的范围内的随机整数，step 默认值为 1，等价于 choice(range(m,n,step))
uniform(a,b)	生成一个[a,b]之间的随机浮点数，a 可以大于 b
choice(seq)	从非空序列 seq 中随机挑选一个元素
sample(seq,k)	从序列 seq 中随机获取 k 个元素，并返回一个新序列
shuffle(seq)	将序列 seq 的所有元素随机排序，并修改原序列
getrandbits(k)	生成一个 k 比特长的随机整数

random 模块函数的应用实例如下。

```
>>> from random import *        #导入 random 模块的所有函数
>>> random()                    #生成一个[0.0,1.0)之间的随机浮点数
0.14836545714990013
>>> randint(1,10)               #生成一个[1，10]之间的随机整数
5
>>> x=[1,2,3,4,5]               #x 赋值为一个序列
>>> sample(x,2)                 #从 x 序列中随机挑选 2 个元素生成新序列
[5, 1]
>>> shuffle(x)                  #将 x 序列的元素随机排序
>>> x
[2, 5, 4, 3, 1]
>>>
```

random 是如何生成随机数的呢？Python 的随机数是用确定的算法计算出来的在 [0.0,1.0)范围内均匀分布的随机数序列，它并不是真正的随机数，因此被称为伪随机数。伪随机数具有类似于随机数的统计特征，如均匀性、独立性等。因此在模拟研究中可以采用伪随机数代替真正的随机数，从而提高模拟效率。

在计算伪随机数时，若使用的初值(种子)不变，那么伪随机数的序列也不变。例如，当随机种子为 2 时，生成的随机数序列如图 3.1 所示。

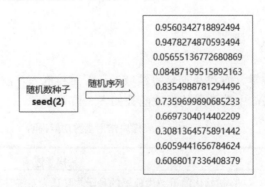

图 3.1 随机种子为 2 时的随机序列

当种子不变时，random 函数将在此序列中按顺序依次返回随机数。如执行下面语句。

```
>>> from random import *
>>> seed(2)                    #随机种子为 2
>>> random()
0.9560342718892494             #随机序列中第一个数
>>> random()
0.9478274870593494             #随机序列中第二个数
>>> random()
0.05655136772680869            #随机序列中第三个数
>>> seed(2)                    #重新生成随机序列
>>> random()
0.9560342718892494             #新生成的随机序列的第一个数
>>>
```

在默认的情况下，当未设置种子时，random 将以系统时间作为种子，这时产生的随机序列就是随时变化的了。那么，什么时候会使用 seed 函数呢？当我们的程序希望生成的随机数能够复现的时候，就需要设置 seed 函数了，此时生成的随机数序列就是固定的。

3.4.2 time 模块

1. 时间表示与函数

time 模块提供与时间有关的函数。time 模块有三种时间表示，即时间戳、时间元组和格式化时间字符串，如图 3.2 所示。

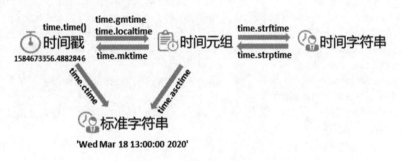

图 3.2 三种时间表示之间的关系

(1) 时间戳(timestamp)：时间戳表示从格林尼治时间 1970 年 1 月 1 日 00:00:00 开始到现在所经过的秒数，其值为 float 类型。

(2) 时间元组(struct_time)：时间元组共有 9 个元素，时间戳和格式化时间字符串之间的转化必须通过时间元组才能实现，它是三种时间表示的中间过程。

(3) 格式化时间(format time)：格式化的结构字符串使时间更具可读性，包括自定义的时间字符串和标准字符串。

通过相应的函数可以实现三种时间表示之间的相互转换，常用的函数和功能描述如表 3.12 所示。

表 3.12 time 常用函数功能说明

函　数	描　述
time( )	返回当前系统时间的时间戳(1970 年后的秒数)
gmtime([secs])	将一个时间戳转换为 UTC 时区的时间元组，无参数时，默认为当前系统时间
localtime([secs])	将一个时间戳转换为当前时区的时间元组，无参数时，默认为当前系统时间
mktime(tupletime)	将一个时间元组转换为时间戳
strftime(fmt[,tupletime])	将一个时间元组，按指定格式 fmt 转换为时间字符串，即 string format time。无参数时，默认为当前系统时间
strptime(str[,fmt])	将一个时间字符串解析为时间元组，即 string parse time
asctime([tupletime])	将一个时间元组表示为 24 位的标准格式的时间字符串。无参数时，默认为当前系统时间
ctime([secs])	将一个时间戳表示为 24 位的标准格式的时间字符串。无参数时相当于 asctime()

time 模块函数应用实例如下。

```
>>> import time
>>> time.time()              #返回当前时间的时间戳，是一个浮点数
1611557088.1828556
>>> time.localtime()         #返回当前本地时间的时间元组，元组有9个元素
time.struct_time(tm_year=2021, tm_mon=1, tm_mday=25, tm_hour=14,
tm_min=45, tm_sec=20, tm_wday=0, tm_yday=25, tm_isdst=0)
>>> time.mktime(time.localtime())         #将当前本地时间元组转换为时间戳
1611557166.0
>>> time.asctime()                        #返回当前时间的标准字符串
'Mon Jan 25 14:46:49 2021'
>>> time.strftime('%Y 年%m 月%d 日')      #将当前时间显示为自定义格式的时间字符串
'2021 年 01 月 25 日'
>>>
```

2. 时间元组

时间元组由 9 个元素组成，每个元素都有自己的名称和下标，下标从 0 开始。时间元组各元素的构成说明见表 3.13。调用时间元组的元素可以使用元素的下标或者元素的名称。如下面代码。

```
>>> import time
>>> t1=time.localtime()      #返回本地时间的时间元组
>>> t1                       #t1 为本地时间的时间元组
time.struct_time(tm_year=2021, tm_mon=1, tm_mday=25, tm_hour=15,
tm_min=7, tm_sec=51, tm_wday=0, tm_yday=25, tm_isdst=0)
>>> print(t1[0],t1[1],t1.tm_mday)   #显示输出时间元组中的元素
2021 1 25
>>>
```

表 3.13 时间元组各元素构成说明

下　标	元素名称	描　述
0	tm_year	年份(0000～9999)，如 2020
1	tm_mon	月份(1～12)
2	tm_mday	一个月中的第几天(1～31)
3	tm_hour	小时(0～23)
4	tm_min	分钟(0～59)
5	tm_sec	秒(0～61)，60、61 是闰秒
6	tm_wday	一个星期中的第几天(0～6)，0 是星期一
7	tm_yday	一年中的第几天(1～366)，366 是闰年
8	tm_isdst	1 为夏令时，0 为非夏令时，-1 为不确定，默认值为-1

3. 时间格式符

格式化时间中的标准时间字符串长度固定为 24 位，显示的时间格式也是固定不变的，如'Mon Jan 25 15:14:11 2021'。如果想要自定义时间元组的显示格式，则需要使用带有格式符的时间字符串来完成。时间格式符的功能说明见表 3.14。时间格式符的使用实例如下。

```
>>> import time
>>> time.ctime()
'Mon Jan 25 15:35:02 2021'
>>> t2=time.localtime()                    #获取当前时间的时间元组 t2
>>> t2
time.struct_time(tm_year=2021, tm_mon=1, tm_mday=25, tm_hour=15,
tm_min=35, tm_sec=24, tm_wday=0, tm_yday=25, tm_isdst=0)
>>> time.strftime('%Y 年%m 月%d 日 %A',t2)     #按时间格式符的样式显示时间 t2
'2021 年 01 月 25 日 Monday'
>>>
```

表 3.14 时间格式符的功能说明

格式符	描　述
%a	本地星期名称的简写(如星期四为 Thu)
%A	本地星期名称的全称(如星期四为 Thursday)
%b	本地月份名称的简写(如八月份为 agu)
%B	本地月份名称的全称(如八月份为 august)
%c	本地相应的日期和时间的字符串表示
%d	一个月中的第几天(01～31)
%H	一天中的第几个小时(24 小时制，00～23)
%I	第几个小时(12 小时制，0～11)
%j	一年中的第几天(001～366)
%m	月份(01～12)

续表

格式符	描　述
%M	分钟数(00~59)
%p	本地 am 或者 pm 的相应符
%S	秒(00~61)
%U	一年中的星期数。(00~53，星期天是一个星期的开始。)第一个星期天之前的所有天数都放在第 0 周
%w	一个星期中的第几天(0~6，0 是星期天)
%W	和%U 基本相同，不同的是%W 以星期一为一个星期的开始
%x	本地相应日期字符串(如 15/08/01)
%X	本地相应时间字符串(如 08:08:10)
%y	去掉世纪的年份(00~99)两个数字表示的年份
%Y	完整的年份(4 个数字表示的年份)
%z	与 UTC 时间的间隔(如果是本地时间，返回空字符串)
%Z	时区的名字(如果是本地时间，返回空字符串)
%%	"%"字符

协调世界时(Universal Coordinated Time，UTC)：又称世界统一时间、世界标准时间、国际协调时间，在我国为 UTC+8。夏令时即(Daylight Saving Time)DST。

3.4.3　math 模块

math 模块提供数学相关的运算和函数，其中常用的函数如表 3.15 所示。

表 3.15　math 模块常用函数功能说明

函　数	返　回　值
ceil(x)	对 x 的向上取整，如 ceil(4.1) 返回 5
exp(x)	返回 e 的 x 次幂 例如，exp(1)返回 2.718281828459045
fabs(x)	返回 x 的绝对值(浮点数)，如 fabs(-10)返回 10.0
floor(x)	对 x 的向下取整，如 floor(4.9)返回 4
fmod (x,y)	返回 x/y 的余数(浮点数)，如 fmod(7,4)返回 3.0
log(x[,base])	返回 x 的自然对数，如 log(e)返回 1.0，可以用 base 参数改变对数的底，如，log(100,10)返回 2.0
log10(x)	返回 10 为基数的 x 的对数，如 log10(100)返回 2.0
max(x1, x2,...)	返回给定参数的最大值，参数可以为序列
min(x1, x2,...)	返回给定参数的最小值，参数可以为序列

函 数	返 回 值
pow(x, y)	返回 x 的 y 次幂，x**y 运算后的值
round(x [,n])	返回浮点数 x 的四舍五入值，如给出 n 值，则代表舍入到小数点后的位数
sqrt(x)	返回数字 x 的平方根，数字可以为负数，返回类型为实数，如 sqrt(4)返回 2.0

math 模块函数的应用实例如下。

```
>>> import math
>>> print(math.fabs(-4),math.ceil(4.1),math.floor(4.9))
4.0 5 4
>>> print(math.pow(3,4),math.fmod(7,4),math.log(100,10))
81.0 3.0 2.0
```

3.4.4 calendar 模块

日历(calendar)模块的函数都是与日历相关的，例如打印某月的字符月历。在默认情况下，星期一是默认的每周第一天，星期天是默认的每周最后一天。如果需要更改默认设置，需要调用 calendar.setfirstweekday()函数。日历模块包含的函数如表 3.16 所示。

表 3.16　calendar 模块常用函数功能说明

函 数	描 述
setfirstweekday(weekday)	设置每周第一天的日期码。默认为 0(星期一)到 6(星期日)
firstweekday( )	返回当前每周起始日期的设置。默认返回 0，即星期一
isleap(year)	如果 year 是闰年则返回 True，否则为 false
leapdays(y1,y2)	返回在 y1、y2 两年之间的闰年总数
month(year,month,w=2,l=1)	返回指定年月的日历。多行字符串格式，两行标题，一周一行
monthcalendar(year,month)	返回一个整数列表。每个子列表代表一个星期
monthrange(year,month)	返回两个整数。第一个是该月的星期几，第二个是该月的日期码
weekday(year,month,day)	返回指定日期的星期代码

日历模块函数应用实例如下。

```
>>> from calendar import *        #导入 calendar 模块的所有函数
>>> print(month(2017,5))          #多行格式输出 2017 年 5 月的日历
      May 2017
Mo Tu We Th Fr Sa Su
 1  2  3  4  5  6  7
 8  9 10 11 12 13 14
15 16 17 18 19 20 21
22 23 24 25 26 27 28
29 30 31
>>> print(weekday(2017,5,20))     #返回 2017.5.20 星期代码，5 代表星期六
5
>>> print(monthrange(2017,5))     #2017 年 5 月第一天是星期一，有 31 天
(0, 31)
>>>
```

习　题

一、填空题

1. x=5 和 y=10，执行语句 x,y = y,x 后 x 的值是＿＿＿＿。

2. x=5，执行语句 x-=2 之后，x 的值为＿＿＿＿。

3. x=5，执行语句 x**=2 之后，x 的值为＿＿＿＿。

4. 表达式 int('11',16) 的值为＿＿＿＿。

5. 表达式 int('11',8) 的值为＿＿＿＿。

6. 表达式 int('11',2) 的值为＿＿＿＿。

7. 语句 print(True==1) 的输出结果为＿＿＿＿。

8. 内置函数＿＿＿＿用来返回序列中的最大元素。

9. 内置函数＿＿＿＿用来返回序列中的最小元素。

10. 内置函数＿＿＿＿用来返回数值型序列中所有元素之和。

11. 可以查看函数用法的详细信息的内置函数名是＿＿＿＿。

12. 表达式 1<2<3 的值为＿＿＿＿。

13. 表达式 3|5 的值为＿＿＿＿。

14. 表达式 3&6 的值为＿＿＿＿。

15. 表达式 3<<2 的值为＿＿＿＿。

16. 表达式 3**2 的值为＿＿＿＿。

二、判断题

1. 在 Python 中 true 表示逻辑真。　　　　　　　　　　　　　　　　　　　　（　　）

2. 表达式 'a'>'A' 的值为 True。　　　　　　　　　　　　　　　　　　　　（　　）

3. type 函数用来测试返回对象的数据类型。　　　　　　　　　　　　　　　（　　）

4. 假设 random 模块已导入，那么表达式 random.sample(range(10), 7) 的作用是生成 7 个不重复的整数。　　　　　　　　　　　　　　　　　　　　　　　　　　　　（　　）

5. Python 用运算符 "//" 来计算除法。　　　　　　　　　　　　　　　　　（　　）

6. 在 Python 中，式子 x=2a+bc 是一个合法的表达式。　　　　　　　　　　（　　）

7. 标准 math 库中用来计算幂的函数是 sqrt。　　　　　　　　　　　　　　（　　）

获取本章教学课件，请扫右侧二维码。

第 3 章 基本数据运算与函数.pptx

第 4 章　程序控制结构

学习目标

- 理解结构化程序设计的三种基本结构
- 掌握分支结构 if 语句的用法
- 掌握循环结构 for 语句的用法
- 掌握循环结构 while 语句的用法

4.1　结构化程序的基本结构

4.1.mp4

结构化程序设计方法的基本思想是以系统的逻辑功能设计和数据流关系为基础，根据数据流程图和数据字典，借助于标准的设计准则和图表工具，通过"自上而下"和"自下而上"的反复，逐层把系统划分为多个大小适当、功能明确、具有一定独立性并容易实现的模块，从而把复杂系统的设计转变为多个简单模块的设计。结构化程序设计方法可以用三句话进行概括：自上而下、逐步求精、模块化设计。

结构化的含义是指用一组标准的准则和工具从事某项工作。在结构化程序设计之前，每一个程序员都按照各自的习惯和思路编写程序，没有统一的标准，也没有统一的技术方法，因此，程序的调试、维护都很困难，这是造成软件危机的主要原因之一。20 世纪 60 年代，计算机科学家提出了有关程序设计的新理论，即结构化程序设计理论。这个理论认为，任何一个程序都可以用三种基本逻辑结构来编制，而且只需这三种结构。这三种结构分别是顺序结构、分支结构(选择结构)和循环结构。这种程序设计的新理论，促使人们采用模块化编制程序，把一个程序分成若干个功能模块，这些模块之间尽量彼此独立，用控制语句或过程调用语句连接起来，形成一个完整的程序。一般来说，结构化程序设计方法不仅大大改进了程序的质量和程序员的工作效率，而且还增强了程序的可读性和可维护性。

结构化程序的三种基本结构可以用很多种方式表示，例如程序流程图、N-S 图、PAD 图等。程序流程图是广泛使用的结构化设计表示工具，具有表达直观、易于掌握的特点。

4.1.1　顺序结构

顺序结构是指程序从第一行语句开始执行，执行到最后一行语句结束，程序中的每条语句都会被执行一次。程序流程如图 4.1 所示。

4.1.2　分支结构

分支结构也称选择结构，表示程序的处理步骤出现了分支，需要根据某一特定的条件选择其中的一个分支执行。分支结构有单分支、双分支和多分支三种形式。

(1) 单分支结构：当判断条件为"真"值时，执行语句块 1；当判断条件为"假"值时，越过语句块、往下执行其他语句或结束，通常用来指定某一段语句是否执行。程序流程如图 4.2 所示。

(2) 双分支结构：当判断条件为"真"值时，执行语句块 1；当判断条件为"假"值时，执行语句块 2，通常用来在两段语句中选择一段执行。程序流程如图 4.3 所示。

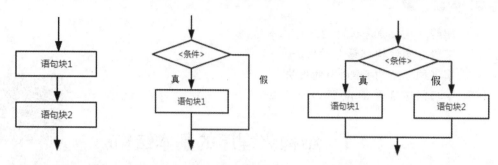

图 4.1　顺序结构程序流程　　图 4.2　单分支结构程序流程　　图 4.3　双分支结构程序流程

(3) 多分支结构：也就是扩展的双分支结构，一般设有 n 个条件，n 或者 n+1 个语句块，当判断条件从上往下判断到某个为"真"值时，执行对应的语句块，然后退出多分支结构继续往下执行其他内容。需要注意的是多分支结构在一次执行的时候只能选择一个分支，即使其他判断条件为"真"值，也不会继续判断执行。程序流程如图 4.4 所示。

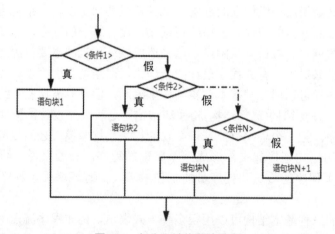

图 4.4　多分支结构程序流程

4.1.3　循环结构

循环结构是程序在满足条件的情况下反复执行某个语句块的运行方式。根据循环触发条件不同，分为条件循环和遍历循环。条件循环结构在执行循环时先判断循环条件的取值，如果为"真"(True)则执行一次语句块(循环体)，然后返回继续判断循环条件，如果循环条件为"假"(False)则结束循环。条件循环结构程序流程如图 4.5 所示。遍历循环在执行循环时判断循环变量是否在遍历队列中，如果在则取一个遍历元素，执行一次语句块(循环体)，然后返回再取下一个遍历元素，直到遍历元素取完，循环结束。遍历循环结构程序流程如图 4.6 所示。

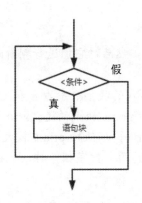

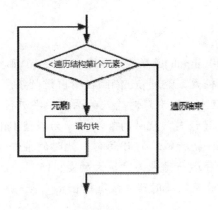

图 4.5　条件循环结构程序流程　　　　图 4.6　遍历循环结构程序流程

4.2　分　支　结　构

4.2.1　单分支结构

单分支结构一般用来判断某种情况发生或者不发生。Python 中单分支 if 语句的语法格式如下。

```
if  <条件>:
    <语句块>
```

条件是一个表达式，其结果一般为真值 True 或者假值 False。语句块是 if 条件满足后执行的一个或多个语句的序列。程序执行 if 语句时，如果条件为 True，则执行语句块；条件为假，则跳过语句块。不管条件为 True 还是 False，单分支执行结束后都会执行与 if 语句同级别的下一条语句。

【例 4.1】输入两个数字，输出其中较大数字。

```
#example4.1
x=eval(input("请输入第一个数字:"))
y=eval(input("请输入第二个数字:"))
print("输入的两个数字为: ",x,y)
if x>y:
    print("较大的是:",x)
if x<y:
    print("较大的是:",y)
```

程序运行结果如下(输入顺序为 8 和 15)。

```
>>>
============== RESTART: C:/Python/python36/example4.1.py ==============
请输入第一个数字:8
请输入第二个数字:15
输入的两个数字为:  8 15
```

```
较大的是：15
>>>
```

 说 明

(1) 用 input()函数输入信息，用 eval 函数转换为数字，然后对它们进行判断比较，哪个数字比较大，就用 print()函数输出该数字。

(2) 运行后，程序对输入的两个数字进行判断，例如输入的两个数字为 8 和 15 时，执行第一个 if 语句，此时的条件 x>y 为假值 False，则不执行 print("较大的是:",x)语句，分支判断结束；执行第二个 if 语句，此时的条件 x<y 为真值 True，则执行 print("较大的是:",y)语句，程序运行结果为"较大的是：15"。注意，当输入的两个数字相等时，该程序没有考虑这种情况，此时程序没有输出。

4.2.2 双分支结构

双分支结构是使用比较多的一种程序结构，一般用来在两种情况中选择一种执行。Python 中双分支 if 语句的语法格式如下。

```
if  <条件>:
    <语句块 1>
else:
    <语句块 2>
```

双分支结构根据条件的真假值有选择地执行语句块 1 或语句块 2。当条件为 True 时，执行语句块 1，然后结束分支结构；当条件为 False 时，执行语句块 2，然后结束分支结构。

【例 4.2】用双分支结构改写例 4.1。

```
#example4.2
x=eval(input("请输入第一个数字:"))
y=eval(input("请输入第二个数字:"))
print("输入的两个数字为: ",x,y)
if x>y:
    print("较大的是:",x)
else:
    print("较大的是:",y)
```

程序运行结果如下(输入顺序为 10 和 5)。

```
>>>
============= RESTART: C:/Python/Python36/example4.2.py =============
请输入第一个数字:10
请输入第二个数字:5
输入的两个数字为:  10 5
较大的是: 10
>>>
```

说明

(1) 如果不考虑两个数字相等的情况，可以将例 4.1 中的两个单分支 if 结构合并为一个双分支结构。

(2) 例 4.2 运行后，如果 x>y，则执行 if 结构下的 print("较大的是:",x)语句；否则执行 else 结构下的 print("较大的是:",y)语句。

(3) 如果输入的两个数字相等，则例 4.2 和例 4.1 的结果不同，因为使条件判断 x>y 为假的情况可能是 x<y，也可能是 x=y，所以一旦输入的两个数字相等，那么例 4.2 将显示较大数字是 y 的值。

4.2.3　多分支结构

多分支结构是对双分支结构的一种补充，当判断的条件有多个、结果也有多种情况的时候，可用多分支 if 语句进行判断。多分支结构语法格式如下。

```
if   <条件1>:
       <语句块1>
elif <条件2>:
       <语句块2>
elif <条件3>:
       <语句块3>
...
else:
       <语句块n>
```

程序执行时会按照条件 n 的序列从上向下进行判断，当第一个条件 i 的值为 True 时，就执行该条件下的语句块，然后整个多分支 if 结构结束。如果没有任何条件为 True，则执行 else 下的语句块。注意：else 是可选的。

【例 4.3】用多分支结构改写例 4.1，如果两个数字相等，也要给出说明。

```
#example4.3
x=eval(input("请输入第一个数字:"))
y=eval(input("请输入第二个数字:"))
print("输入的两个数字为: ",x,y)
if x>y:
    print("较大的是:",x)
elif x<y:
    print("较大的是:",y)
else:
    print("这两个数字相等")
```

程序运行结果如下(输入顺序为 10 和 10)。

```
>>>
============= RESTART: C:/Python/Python36/example4.3.py =============
请输入第一个数字:10
请输入第二个数字:10
输入的两个数字为:  10 10
```

这两个数字相等
>>>

 说 明

(1) 两个数字相互比较，只有三种结果，即大于、小于、相等。

(2) 在例 4.3 中有两个判断，x>y 和 x<y，在这两种情况都不成立的时候，会执行 else 下的语句 print("这两个数字相等")。在多分支结构中，如果有多个判断都为 True，也只会执行第一个为 True 的那个分支中的语句块，执行后整个多分支结构结束。因此，在多分支结构中，条件的书写顺序有时会影响程序执行的结果。使用多分支 if 语句时，一定要注意思路清晰，要养成良好的程序书写风格，层次明确，以便于阅读和修改程序。

【例 4.4】输入一个分数，判断它学分应该得到的绩点。规则为：90 分以上绩点为 4；80～90 分绩点为 3；70～79 分绩点为 2；60～69 分绩点为 1；60 以下绩点为 0。以下两段代码哪一段满足上述规则？

程序 1 如下。

```
#example4.41
score = eval(input("请输入分数："))
if score >= 90:
    gpa = 4
elif score >= 80:
    gpa = 3
elif score >= 70:
    gpa = 2
elif score >= 60:
    gpa = 1
else:
    gpa = 0
print("应得学分绩点为：",gpa)
```

程序 2 如下。

```
#example4.42
score = eval(input("请输入分数："))
if score <60:
    gpa = 0
elif score >= 60:
    gpa = 1
elif score >= 70:
    gpa = 2
elif score >= 80:
    gpa = 3
else:
    gpa = 4
print("应得学分绩点为：",gpa)
```

程序 1 运行结果如下(输入 85)。

```
>>>
============ RESTART: C:/Python/Python36/example4.4.1.py ============
请输入分数：85
应得学分绩点为： 3
>>>
```

程序 2 运行结果如下(输入 85)。

```
>>>
======= RESTART: C:/ Python/Python36/example4.4.2.py =======
请输入分数：85
应得学分绩点为： 1
>>>
```

 说 明

(1) 经过比较可以看出，虽然例 4.4 中的两段程序都可以顺利执行，不会出现运行错误，但是程序 2 并不符合题目设定规则的要求。

(2) 运行例 4.4 程序后，在输入 85 时，程序 1 可以得出 gpa 为 3，而程序 2 得到的 gpa 为 1，这显然是不正确的。原因在于，在程序 2 中，当 score>60 的判断结果为 True 时，将 gpa 赋值为 1 后就结束了整个多分支结构，而不会再继续判断其他的条件。

4.2.4　分支结构的嵌套

如果一个 if 分支结构中包含另一个(或多个)if 分支，称为分支结构的嵌套。

【例 4.5】输入 3 个数字，利用分支结构进行降序排列输出。

```
#example4.5
a=eval(input("输入第 1 个数字"))
b=eval(input("输入第 2 个数字"))
c=eval(input("输入第 3 个数字"))
print("输入顺序为：",a,b,c)
if a<b:
    a,b=b,a
if a<c:
    print("排序后为：",c,a,b)
else:
    if c>b:
        print("排序后为：",a,c,b)
    else:
        print("排序后为：",a,b,c)
```

程序运行结果如下(输入顺序为 5、3、4)。

```
>>>
======= RESTART: C: /Python/Python36/example4.5.py =======
输入第 1 个数字5
输入第 2 个数字3
输入第 3 个数字4
输入顺序为： 5 3 4
```

```
排序后为: 5 4 3
>>>
```

 说 明

(1) 在例 4.5 中，先比较输入的前两个数字 a、b 的大小，如果 a 小于 b，则交换 a、b 的顺序，第一个单分支结构保证了 a 一定要大于 b。

(2) 在例 4.5 的双分支结构中，如果 a<c，那么 c 一定是最大的，按照 c、a、b 的顺序输出排序结果；如果 a>c，再用一个双分支来判断 b 和 c 的大小，如果 b>c 就按照 a、b、c 的顺序输出排序结果；如果 b<c 就按照 a、c、b 的顺序输出排序结果。

4.3 循 环 结 构

循环结构是根据条件重复执行某些语句，它是程序设计中一种重要的结构。使用循环控制结构可以减少程序中大量重复的语句，从而编写出更简洁的程序。Python 提供了两种不同风格的循环结构，包括遍历循环 for 和条件循环 while。

一般情况下，for 语句循环是在指定遍历范围内进行循环，而 while 语句循环是在条件满足时执行循环。

4.3.1 for 语句循环

遍历循环可以理解为，让循环变量逐一使用一个遍历结构中的每个元素，遍历结构可以是字符串、列表、文件、range()函数构造的数字序列等。for 语句循环语法格式如下。

```
for <循环变量> in <遍历结构>:
    <语句块>
```

for 语句的执行过程是：每次循环先在给定的遍历结构中取出一个项目，然后执行一次循环体中的语句，当遍历结构中的所有项目都被取出后，循环结束。

【例 4.6】求 $1^2+2^2+...+10^2$ 之和。

```
#example4.6.1
s=0
for i in range(1,11):
    s=s+i**2
print("数列和为",s)
```

程序运行结果如下。

```
>>>
============== RESTART: C:/Python/Python36/example4.6.1.py ==============
数列和为 385
>>>
```

说明

(1) 在例 4.6 中，程序定义一个初始值为 0 的变量 s，然后通过 range()函数产生 1 到 10 之间的数值序列，利用循环变量 i 遍历这个序列，同时将它们的平方 i**2 累加到 s 中。

(2) range()函数可以产生某范围内的整数，如果只有一个参数，例如 range(5)，产生从 0 到 5 之间的整数，包括 0 但是不包括 5，即[0,4]；如果有两个参数，例如 range(3,7)，产生的数字范围为[3,6]；如果有三个参数，则第三个参数代表步长值，即从初值到终值变化时每次加的数字，例如 range(5,12,2)产生的数字列表为[5,7,9,11]；range()函数也可以产生一个由大到小的数字列表，但是步长参数要为负数,例如 range(10,5,-1)产生的数字为 [10,9,8,7,6]。

for 语句循环还可以使用 else 关键字，语法格式如下。

```
for <循环变量> in <遍历结构>:
    <语句块 1>
else:
    <语句块 2>
```

在这种结构中，当 for 循环正常执行完成后，程序会继续执行 else 语句中的内容。如果 for 循环因为某种原因没有正常执行完成，例如遇到了 break 语句，则不会执行 else 语句中的内容。所以通常用 else 来检验 for 循环是否正常结束。例 4.6 也可以改为以下格式。

```
#example4.6.2
s=0
for i in range(1,11):
    s=s+i**2
else:              #只有当循环没有被中断时，才会执行此分支
    print("数列和为",s)
```

程序运行结果如下。

```
>>>
============ RESTART: C:/Python/Python36/example4.6.2.py ============
数列和为 385
>>>
```

需要注意的是，在使用 else 关键字的循环中，else 语句要和 for 对齐。

【例 4.7】求字符串"Life is short, YOU need Python!"中有多少个字母"o"，不区分大小写字母。

```
#example4.7
n=0
str="Life is short, YOU need Python!"
for i in str:
    if i=="o" or i=="O":
        n=n+1
else:
    print("计算完毕,字母 o 的个数为: ",n)
```

代码执行结果如下。

```
>>>
======= RESTART: C: /Python/Python36/example4.7.py =======
计算完毕，字母'o'的个数为： 3
>>>
```

 说 明

在例 4.7 中，先设置一个初始值为 0 的变量 n，作为计数器，然后将字符串作为一个遍历结构，循环变量 i 会每次取字符串中的一个字母，再判断该字母是不是 "o" 或者 "O"，如果是，则将 n 增加 1。循环完毕后输出 n 的值。

4.3.2　while 语句循环

在明确知道循环次数或者遍历结构的时候，一般使用 for 循环。但是，更多的时候无法明确遍历结构，或者不确定循环需要进行多少次，这时就要使用 while 循环了。while 语句循环语法格式如下。

```
while <条件>:
    <语句块>
```

其中，条件结果为 True 或者 False。当条件为 True 时，执行一遍语句块，然后返回到 while 语句继续判断条件；当条件为 False 时，循环结束。

while 循环和 for 一样也可以使用 else 关键字，语法格式如下。

```
while <条件>:
    <语句块 1>
else:
    <语句块 2>
```

在这种结构中，当 while 循环正常结束后，程序会继续执行 else 语句中的语句块 2，一般用来检验 while 循环是否正常结束。

【例 4.8】猜价格。先产生一个[10,100]之间的随机整数作为价格并赋予一个变量，例如 n。然后用户可以输入数字猜价格，如果输入的数字大于 n 或者小于 n，则给用户相应的提示；如果猜对了，则告诉用户猜中了。

```
#example4.8
from random import randint
n=randint(10,100)
print("商品价格已经产生，请输入 10 到 100 间的价格。")
bingo=False
while bingo==False:
    guess=eval(input("请输入您猜的价格。"))
    if guess>n:
        print("您输入的价格高于指定价格，请继续。")
    elif guess<n:
        print("您输入的价格低于指定价格，请继续。")
```

```
    else:
        print("恭喜您猜对了！价格为",guess)
        bingo=True
else:
    print("游戏结束！")
```

程序运行结果如下。

```
>>>
======= RESTART: C: /Python/Python36/example4.8.py =======
商品价格已经产生，请输入 10 到 100 间的价格。
请输入您猜的价格。80
您输入的价格低于指定价格，请继续。
请输入您猜的价格。90
您输入的价格高于指定价格，请继续。
请输入您猜的价格。85
您输入的价格低于指定价格，请继续。
请输入您猜的价格。88
您输入的价格低于指定价格，请继续。
请输入您猜的价格。87
恭喜您猜对了！价格为 87
游戏结束！
>>>
```

 说 明

(1) 在例 4.8 中，生成一个随机整数作为价格。使用 random 库中的 randint(m,n)函数，参数 m<=n，函数会产生[m,n]之间的随机整数。

(2) 在例 4.8 中，当程序进入 while 循环时，判断条件 bingo==False 为真值，开始循环。循环中使用 input()函数为变量 guess 赋值，然后用多分支 if 对 guess 进行判断，当 guess 的值大于或者小于 n 时，分别给出文字提示，然后分支结束，返回 while 语句继续循环；当 guess 的值等于 n 时，执行 if 结构的 else 语句，输出"恭喜您猜对了！"，并且将 bingo 变量赋值为 True，分支结束。当返回 while 语句的时候，条件 bingo==False 的值为假，循环结束，执行 while 语句同层的 else 下的语句。

(3) 在例 4.8 中，由于用户猜价格的次数未知，所以不能采用 for 语句循环结构。而 while 语句循环结构就可以处理这种未知循环次数的问题。

当然，while 语句循环也可以用来编写已知循环次数的循环。用 while 循环构造一个数字范围，一般来说是在 while 语句之前定义循环变量的初始值；在循环语句中指定循环变量的步长值；在 while 语句的条件处设置循环的终止值。

【例 4.9】用 while 循环求 $1^2+2^2+...+10^2$ 之和。

```
#example4.9
s=0
i=1
while i<=10:
    s=s+i**2
    i+=1
```

```
else:
    print("数列和为",s)
```

程序运行结果如下。

```
>>>
======= RESTART: C: /Python/Python36/example4.9.py =======
数列和为 385
>>>
```

 说 明

(1) 在例 4.9 中，i=1 的作用是定义循环变量初始值。

(2) 在例 4.9 中，在 while 条件处设置 i<=10 为循环变量的终止值。

(3) 在例 4.9 中，在循环中 i+=1 语句和 i=i+1 等价，设置每次 i 增加的步长为 1。

在编写 while 语句循环时，如果条件一直为 True，而循环中没有 break 来结束循环，也就是没有逻辑出口，则循环将陷入永远执行的状态，称为死循环。例如，以下两行语句为死循环，程序将一直输出数字 1。

```
while True:
    print(1)
```

在例 4.9 中，如果去掉 i=i+1 语句，则 i 值在每次循环时都是 1，而循环条件是 i<=10，每次判断时都为 True，循环将始终执行。如果程序陷入死循环，在 IDLE 环境中可以按组合键 Ctrl+C，开发环境中会显示 KeyboardInterrupt，程序终止。

4.3.3 循环的嵌套

在循环语句中使用另一个循环语句称为循环的嵌套，也称多重循环。for 语句和 while 语句可以互相嵌套。利用循环的嵌套可以实现更复杂的程序设计。例如有如下代码。

```
for i in range(1,4):
    for j in range(1,4):
        print("i 值为",i,";","j 值为",j)
```

程序运行结果如下。

```
i 值为 1 ; j 值为 1
i 值为 1 ; j 值为 2
i 值为 1 ; j 值为 3
i 值为 2 ; j 值为 1
i 值为 2 ; j 值为 2
i 值为 2 ; j 值为 3
i 值为 3 ; j 值为 1
i 值为 3 ; j 值为 2
i 值为 3 ; j 值为 3
```

上层的 i 循环称为外层循环，下层的 j 循环称为内层循环，当外层循环执行一次时，内层循环就要被完整地循环一遍。从上面的程序结果可以看出，当外层循环的循环变量 i

为 1 时，内层循环就要完成循环变量 j 从 1 到 3 的取值，当内层循环结束后，才能再次返回外层循环，i 值将变为 2，此时内层循环再次完整循环一次，依此类推。如果把两个循环都加上 else 语句，程序代码如下。

```
for i in range(1,4):
    for j in range(1,4):
        print("i 值为",i,";","j 值为",j)
    else:
        print("内层循环结束。")
else:
    print("外层循环结束。")
```

程序运行结果如下。

```
i 值为 1 ; j 值为 1
i 值为 1 ; j 值为 2
i 值为 1 ; j 值为 3
内层循环结束。
i 值为 2 ; j 值为 1
i 值为 2 ; j 值为 2
i 值为 2 ; j 值为 3
内层循环结束。
i 值为 3 ; j 值为 1
i 值为 3 ; j 值为 2
i 值为 3 ; j 值为 3
内层循环结束。
外层循环结束。
```

可以看出，外层循环结束一次，内层循环一共结束了 3 次。

【例 4.10】某班级一共有 50 人，需要组织 1 次竞赛活动，已知一等奖奖品 40 元 1 个、二等奖奖品 20 元 1 个、三等奖奖品 10 元 1 个，每个人都要有奖品并且一等奖最少、三等奖最多，班费共有 1000 元，该如何设置各奖级个数。

```
#example4.10
for x in range(25):
  for y in range(50):
    for z in range(50):
      if x<y<z and x*40+y*20+z*10==1000 and x+y+z==50:
        print("一等奖设置%d 个；二等奖设置%d 个；三等奖设置%d 个"%(x,y,z))
else:
    print("计算完毕")
```

程序运行结果如下。

```
>>>
============= RESTART: C:\Python\Python36\example4.10.py =============
一等奖设置 11 个；二等奖设置 17 个；三等奖设置 22 个
一等奖设置 12 个；二等奖设置 14 个；三等奖设置 24 个
计算完毕
>>>
```

说 明

(1) 在例 4.10 的程序中用 x、y、z 分别代表一等奖、二等奖和三等奖的数量，然后设置每个奖级的可能数量范围，如果 1000 元都买一等奖，最多可以买 25 个；如果都买二等奖，最多可以买 50 个；如果都买三等奖，最多可以买 100 个，但是班级人数为 50 人，所以三等奖也不能超过 50 个。

(2) 在例 4.10 中，在三个奖级数量循环组合时，同时要满足三个条件：一等奖数量小于二等奖数量小于三等奖数量；总金额为 1000 元；总数量为 50 件。程序运行后找到两组解。

4.4 break 语句和 continue 语句

4.4.1 break 语句

Python 提供了一个提前结束循环的语句——break 语句。在循环中，执行到 break 语句时，可以结束本层的循环。一般来说，break 语句要放在一个分支结构中，当触发某个条件时，结束循环的运行。有如下代码。

```python
for s in "python":
    for i in range(1,4):
        print(s,end="")
```

代码的作用是把 python 中的每个字母都重复三遍，不换行输出。程序运行结果如下。

```
>>>
======= RESTART: C:/Python/Python36/temp.py =======
pppyyytttthhhooonnn
>>>
```

修改代码如下。

```python
for s in "python":
    for i in range(1,4):
        if s=="h":
            break
        print(s,end="")
```

程序运行结果如下。

```
>>>
======= RESTART: C:/Python/Python36/temp.py =======
pppyyytttooonnn
>>>
```

 说 明

(1) 在内层循环中，如果 s 等于字母"h"，则跳出内层循环。但是外层循环将继续运行，程序依然会输出字母"h"以后的字母"o"和字母"n"。

(2) 要注意 break 语句属于哪层循环。如果 break 在内层循环中，则外层循环会继续运行；如果在外层循环中，会结束整个循环结构。

【例 4.11】 求两个数字的最小公倍数。

```
#example4.11
x=eval(input("输入第一个数字"))
y=eval(input("输入第二个数字"))
if x<y:
    x,y=y,x
for i in range(x,x*y+1):
    if i%x ==0 and i%y==0:
        print(x,"和",y,"的最小公倍数为",i)
        break
```

程序运行结果如下。

```
>>>
======= RESTART: C: /Python/Python36/example4.11.py =======
输入第一个数字 5
输入第二个数字 10
10 和 5 的最小公倍数为 10
>>>
```

> **说明**

(1) 例 4.11 程序运行后，通过 input()函数输入两个数字给变量，例如 x 和 y，假设 x 大于 y。当 x、y 互质时，x 和 y 的最小公倍数为 x*y；当 x 能被 y 整除的时候，x、y 的最小公倍数为 x。即 x、y 的最小公倍数在[x,x*y]之间。

(2) 例 4.11 首先利用 if 分支判断 x 和 y 的大小，如果 x<y 则交换 x 和 y 的值，这样保证了 x>=y。在 for 语句循环中，如果循环变量 i 能够被 x 和 y 整除，则 i 是 x 和 y 的公倍数，但不一定是最小公倍数，当输入两个不互质的数字如 10 和 5 的时候，如果代码省略了 break 语句，则程序运行结果如下。

```
>>>
======= RESTART: C: /Python/Python36/example4.11.py =======
10 和 5 的最小公倍数为 10
10 和 5 的最小公倍数为 20
10 和 5 的最小公倍数为 30
10 和 5 的最小公倍数为 40
10 和 5 的最小公倍数为 50
>>>
```

当使用了 break 时，循环变量 i 遍历到第一个满足 if 分支的数字，输出计算结果，循环结束，程序只能输出一个数字，即最小公倍数。

4.4.2　continue 语句

continue 语句和 break 语句一样，用在循环结构中，作用也是结束循环的运行，但是

continue 语句只能结束本次循环的执行，而不终止循环。当执行到 continue 语句时，程序会终止当前循环，并忽略循环中 continue 之后的语句，然后回到循环语句 for 或者 while，再次判断是否进行下一次循环。

【例 4.12】输入 10 名同学的分数求及格同学的均值，如果分数低于 60，则不计入计算中。

程序 1 如下。

```
#example4.12.1
s,n=0,0
for i in range(1,11):
    score=eval(input("输入成绩"))
    if score>=60:
        s=s+score
        n=n+1
print("合格人数为:",n)
print("成绩平均值为:",round(s/n,2))
```

程序运行结果如下。

```
>>>
======= RESTART: C: /Python/Python36/example4.121.py =======
输入成绩70
输入成绩80
输入成绩90
输入成绩60
输入成绩70
输入成绩80
输入成绩90
输入成绩34
输入成绩56
输入成绩67
合格人数为: 8
成绩平均值为: 75.88
>>>
```

 说 明

(1) 例 4.12 程序 1 首先设置初始变量 s 代表总分，n 代表合格人数。

(2) 例 4.12 程序 1 循环 10 次，采用 if 分支结构进行判断，如果输入的 score 大于等于 60 分，则进行累加并且求 60 分以上的人数。循环结束后，输出计算结果。

程序 2 如下。

```
#example4.12.2
s,n=0,0
for i in range(1,11):
score=eval(input("输入成绩"))
    if score<60:
        continue
```

```
    s=s+score
    n=n+1
print("合格人数为:",n)
print("成绩平均值为:",round(s/n,2))
```

程序运行结果如下。

```
>>>
======= RESTART: C:/ /Python/Python36/example4.122.py =======
输入成绩 87
输入成绩 96
输入成绩 57
输入成绩 82
输入成绩 70
输入成绩 65
输入成绩 60
输入成绩 59
输入成绩 42
输入成绩 90
合格人数为: 7
成绩平均值为: 78.57
>>>
```

 说明

(1) 例 4.12 程序 2 首先设置初始变量 s 代表总分，n 代表合格人数。

(2) 例 4.12 程序 2 在循环中，如果 if 分支结构判断到输入的 score 小于 60，则忽略下方的求累加和语句 s=s+score 及记数语句 n=n+1，然后回到 for 语句继续循环。

需要注意以下两点。

(1) 在一个双重或者多重循环中，无论是 break 语句还是 continue 语句，都只对当前层次的循环有影响，而对上层循环没有影响。

(2) 带有 else 语句的 for 语句循环和 while 语句循环，只在循环完整结束的时候才会执行 else 语句的内容，如果在循环中某处执行过 break 语句，则循环被中断，不会执行循环结构中的 else 部分；如果在循环中某处执行过 continue 语句，实际上本次循环依然算被执行过，最后会执行循环结构中的 else 部分。

习　　题

编程题

1. 鸡兔同笼问题。假设在一个笼子中有鸡和兔子两种动物，已知总头数 30，总脚数 90，求鸡和兔子各多少只？

2. 输入一个年份，如果该年份能被 400 整除，则为闰年；如果年份能被 4 整除但不能被 100 整除也为闰年。编程判断输入的年份是否为闰年。

3. 已知 $3^2+4^2=5^2$，称 3、4、5 为一组勾股数。编程求 3 个数字都在 50 以内的勾股数有多少组(不计算重复的，比如 3、4、5 和 4、3、5 算 1 组)? 分别是什么?

4. 求 900 到 1000 之间的素数有多少个?

5. 用 while 循环求 1000 到 2000 之间可以同时被 7 和 13 整除的数字的个数及它们的和。

6. 10010 以内，最大的素数是哪个数字?

获取本章教学课件，请扫右侧二维码。

第 4 章 程序控制结构.pptx

第 5 章　组合数据结构

5.1　组合类型简介

5.1.mp4

Python 的基本数据类型包括数值类型、字符串类型和逻辑类型等，它们只能表示单一的数据，在处理多个有关联的数据时，仅仅使用基本数据类型是不够的。组合数据类型是将多个基本数据类型或组合数据类型组织起来，既能够更清晰地反映数据之间的关系，也能够更加方便地管理和操作数据。Python 中的组合数据类型有 3 类：序列类型、映射类型和集合类型。

序列类型是一个元素向量，元素之间存在先后关系，通过索引序号访问。Python 中的序列类型主要有字符串类型(str)、列表类型(list)和元组类型(tuple)。

映射类型是一种键值对，一个键只能对应一个值，但是多个键可以对应相同的值，通过键可以访问值。字典类型(dict)是 Python 中唯一的映射类型。字典中的元素没有特定的顺序，每个键都对应一个值。映射类型和序列类型的区别在于存储和访问方式不同。另外，序列类型只用整数作为序号，映射类型则可以用整数、字符串或者其他类型的数据作为键，而且键和键值有一定关联性，也就是键可以映射到键值。

集合类型是通过数学中的集合概念引进的，是一种无序不重复的元素集。集合的元素类型只能是固定的数据类型，例如整型、字符串、元组等，由于列表、字典等是可变数据类型，因此不能作为集合中的数据元素。集合可以进行交、并、差、补等运算，含义与数学中的相应概念相同，如图 5.1 所示。

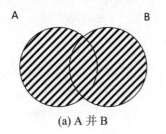

(a) A 并 B

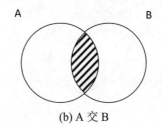

(b) A 交 B

图 5.1　集合的 4 种基本运算

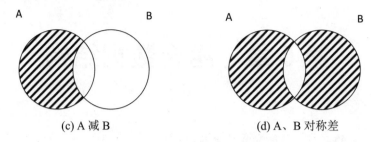

(c) A 减 B   (d) A、B 对称差

图 5.1　集合的 4 种基本运算(续)

5.2　列　　表

列表是一种可变序列数据类型，即将数据元素放在一对中括号中，并使用逗号作为数据元素的分隔。一个列表中的数据元素可以是基本数据类型数据，也可以是组合数据类型数据或自定义数据类型数据。例如，下面的列表都是合法的列表对象。

```
[1,2,3,4,5,6,7]
[1, "10086","中国移动",True]
["日期","中国",[2017,5,1]]
[1,[2,3,4],(5,6),{"a":7,"b":8,"c":9}]
```

5.2.1　创建列表

1. 通过赋值创建列表

创建一个列表：可以通过使用方括号，并且把方括号内的每一个列表元素用逗号分开进行创建，也可以使用 list()函数进行创建。例如下面代码。

```
>>> list1=[]                          #产生一个空列表
>>> list1
[]
>>> list2=[1,2,3,4,5,6]
>>> list2
[1, 2, 3, 4, 5, 6]
>>> list3=['Python','c++','Java','VB','Perl']
>>> list3
['Python', 'c++', 'Java', 'VB', 'Perl']
>>> list4=list()                      #产生一个空列表，等价于 list4=[]
>>> list4
[]
>>> list5=list(range(1,10,2))         #将 range 函数产生的序列变为列表
>>> list5
[1, 3, 5, 7, 9]
>>> list6=list("沈阳师范大学")          #每个字符作为列表中的一个数据元素
>>> list6
['沈', '阳', '师', '范', '大', '学']
>>>
```

2. 通过推导式创建列表

除了可以手动添加列表中的数据外，也可以使用列表推导式创建。使用列表推导式可以非常简洁地生成满足特定需要的列表。语法格式如下。

```
[<表达式> for <变量> in <序列>]
```

【例 5.1】使用列表推导式创建列表。

```
#example5.1
>>> list1=[x*x for x in range(1,10)]
>>> list1
[1, 4, 9, 16, 25, 36, 49, 64, 81]
>>> list2=[i for i in list1 if i%2==0]
>>> list2
[4, 16, 36, 64]
>>> list3=[i for i in range(100,1000) if (int(i/100))**3 +
(int(i/10)%10)**3 + (i%10)**3==i]
>>> list3
[153, 370, 371, 407]
>>>
```

(1) 例 5.1 可以在 IDLE 中以交互方式执行。

(2) 在例 5.1 中，list1 是由 10 以内自然数的平方组成的列表。

(3) 在例 5.1 中，list2 是由 list1 中的偶数组成的列表。

(4) 在例 5.1 中，list3 是由水仙花数(3 位自幂数)组成的列表。

5.2.2　访问列表

1. 一维列表的访问

列表是一个有序序列，可以通过序号来访问列表中的列表元素。和字符串类似，列表的序号也是一个整数，并且可以由正向或逆向来访问列表，如图 5.2 所示。

正向索引，从 0 开始递增

0	1	2	3	4	5
['沈',	'阳',	'师',	'范',	'大',	'学']
-6	-5	-4	-3	-2	-1

逆向索引，从-1 开始递减

图 5.2　列表的索引序号

通过使用索引号，可以访问列表中的某些元素，格式如下。

```
<列表名> [<索引>]
```

其中，列表名为一个列表的名字，索引为访问的列表元素序号。

例如下面代码。

```
>>> list1=['a','b','c','d','e','f','g']
>>> list1[0]          #访问列表 list1 中正向索引序号为 0 的列表元素
'a'
>>> list1[2:4]        #访问列表 list1 中正向索引序号从 2 到 4(不包括)的列表元素
['c', 'd']
>>> list1[-2]         #访问列表 list1 中逆向索引序号为-2 的列表元素
'f'
>>> list1[4:]         #访问列表 list1 中正向索引序号从 4 到最后的列表元素
['e', 'f', 'g']
>>> list1[:-4]        #访问列表 list1 中从开始到逆向索引序号为-4(不包含)的列表元素
['a', 'b', 'c']
>>> list1[8]
IndexError: list index out of range        #如果访问的列表序号不存在,则返回索引
                                             序号错误提示
>>>
```

2. 二维列表的访问

如果一个列表中的列表元素也是由列表构成的,那就构成了类似矩阵的二维结构。访问二维列表的格式如下。

```
<列表名>[<索引 1>][<索引 2>]
```

其中,索引 1 为二维列表的元素索引号,索引 2 为二维列表中索引 1 指向的列表元素中的元素索引号。

例如下面代码。

```
>>> a=[1,2,3,4,5]
>>> b=[6,7,8,9,10]
>>> c=[11,12,13,14,15]
>>> list=[a,b,c]
>>> list[1][3]
9
>>>
```

语句 list[1][3]中,1 代表的是 list 列表中的索引序号为 1 的列表元素,即列表 b;3 代表的是列表 b 中索引序号为 3 的列表元素,即数字 9。

【例 5.2】遍历二维列表。

```
# example5.2
list1=['20200001','赵明','男',19,'物理学院','流体力学']
list2=['20200002','钱小红','女',20,'化学学院']
list3=['20200003','孙强','男',20,'信息学院','计算机科学与技术','3 班']
list4=['20200004','李丽','女',19,'外语学院']
list=[list1,list2,list3,list4]
for i in range(len(list)):
    for j in range(len(list[i])):
        print("{}\t".format(list[i][j]),end="")
    print()
```

程序运行结果如下。

```
>>>
===============RESTART: C:/Python/Python36/example5.2.py===============
20200001        赵明        男    19    物理学院  流体力学
20200002        钱小红      女    20    化学学院
20200003        孙强        男    20    信息学院  计算机科学与技术    3 班
20200004        李丽        女    19    外语学院
>>>
```

说明

(1) 列表 list1 到 list4 分别为 4 位学生的基本信息。

(2) 列表 list 是包含 4 位学生信息的二维列表。

(3) len(list)用来返回列表 list 中的元素个数，range(len(list[i]))可以返回 list 中列表元素的正向索引序号。

(4) 在双重循环中，外层循环遍历列表 list 中的每个列表元素，内层循环遍历 list[i]中的每个列表元素。

(5) 字符串中的 "\t" 的作用是在每输出 1 项后，跳到下一个制表位。

3. 列表的赋值

列表也可以像变量之间那样赋值，即将一个列表的值赋给另一个列表，但是和基本变量赋值不同的是，列表的赋值只是将实际数据的地址引用进行了赋值，而不是将实际数据赋值给新的列表。如下面代码。

```
>>> var1=100
>>> var2=var1
>>> var1,var2
(100, 100)                      #两个变量的值相等
>>> var2=200
>>> var1,var2
(100, 200)                      #更改一个变量的值，另一个不会变
>>> list1=[1,2,3,4]
>>> list2=list1                 #将 list1 赋值给 list2
>>> list2[0]=5                  #更改 list2 中的某些元素值
>>> list2[1]=6
>>> list1,list2
([5, 6, 3, 4], [5, 6, 3, 4])    #list1 和 list2 同时改变。可以看出，list2 使用了
list1 的存储地址。若改变 list2 的元素，list1 的元素同时改变
>>> list2=[10,11,12,13]         #对 list2 进行实际数据的赋值，list2 会使用独立的
存储地址。不再和 list1 关联
>>> list1,list2
([5, 6, 3, 4], [10, 11, 12, 13])
>>>
```

5.2.3 更新列表

列表是一种可变的数据类型，列表的长度和列表元素的值都是可以变化的。更新列表主要有修改列表元素、添加列表元素和删除列表元素等操作。

1．修改列表元素

修改列表元素值可以用赋值语句，语法格式如下。

```
<列表名>[<索引>]=<数据值>
```

其中，列表名为一个已经存在的列表，索引为该列表的正向或逆向索引序号，数据值为需要修改的任意数据值。当索引不在列表的索引范围内时，系统将出错并提示用户"索引超出范围"。例如下面代码。

```
>>> # 修改列表中的一个元素
>>> fruit=['苹果','香蕉','西瓜','橘子','桃子']
>>> fruit[0]='apple'
>>> fruit[-1]='peach'
>>> fruit
['apple', '香蕉', '西瓜', '橘子', 'peach']
>>> # 修改列表中的多个元素(也具有增加、删除功能)。
>>> fruit[1:4]=['banana','watermelon','orange']   #当索引为切片时，值也要是列表
>>> fruit
['apple', 'banana', 'watermelon', 'orange', 'peach']
>>># 当列表序号范围和赋值列表长度不相等时，就可以增加或删除列表。
>>> fruit[0:2]=['苹果','香蕉','梨','樱桃']   #用4个列表元素替换选定的2个列表元素
>>> fruit
['苹果', '香蕉', '梨', '樱桃', 'watermelon', 'orange', 'peach']
>>> fruit[-3:]=['柠檬']       #用1个列表元素替换选定的3个列表元素
>>> fruit
['苹果', '香蕉', '梨', '樱桃', '柠檬']
>>>
```

2．添加列表元素

虽然在对列表赋值的时候可以添加数据元素，但通常还是使用专门的函数或方法来对列表进行添加元素操作。append()方法可以在列表的最后添加元素；insert()方法可以在列表中指定索引序号处插入元素。语法格式如下。

```
<列表名>.append(<数据值>)
<列表名>.insert(<索引>,<数据值>)
```

例如下面代码。

```
>>> fruit=['苹果','香蕉','西瓜','橘子','桃子']
>>> fruit.append("樱桃")
>>> fruit
['苹果', '香蕉', '西瓜', '橘子', '桃子', '樱桃']
>>> fruit.insert(2,"柠檬")
```

```
>>> fruit
['苹果', '香蕉', '柠檬', '西瓜', '橘子', '桃子', '樱桃']
>>>
```

需要注意的是，append()和 insert()每次只能插入一个列表元素。

3．删除列表元素

删除列表元素通常可以使用 remove()方法或者 del 语句进行操作。remove()用来按值删除列表中的列表元素，del 语句可以按索引序号删除列表中的列表元素。语法格式如下。

```
<列表名>.remove (<数据值>)
del <列表名> [<索引>]或者del <列表名>
```

其中，列表名为一个已经存在的列表名称，数据值为列表中的列表元素，索引为列表元素索引序号。remove()方法可以删除列表中第一个与数据值相等的列表元素，如果要删除列表中的 1 个以上相同的列表元素，要多次使用 remove()方法。del 语句可以按索引号删除列表中的列表元素，也可以删除整个列表。例如下面代码。

```
>>> fruit=['苹果','香蕉','西瓜','橘子','西瓜','桃子']
>>> fruit.remove('西瓜')            #remove 函数使用一次只能删除一个"西瓜"
>>> fruit
['苹果', '香蕉', '橘子', '西瓜', '桃子']
>>> del fruit[:2]                  #del 语句删除列表中索引序号为 0,1 的列表元素
>>> fruit
['橘子', '西瓜', '桃子']
>>> del fruit                      #删除列表
>>> fruit                          #列表删除后，再使用列表，将出现"未定义"错误
…
NameError: name 'fruit' is not defined
>>>
```

5.2.4　列表常用的其他操作

除了可以创建列表、删除列表、在列表中进行增删改查等操作以外，列表还支持很多其他操作。表 5.1 列出了常用的列表操作符和函数的使用方法。

表 5.1　常用列表操作

操　作	功　能
list1+list2	连接两个列表，新列表的列表元素个数为 list1 和 list2 列表元素个数之和
list1*n 或 n*list1	将 list1 重复 n 次
x in list1	如果列表 list1 包含 x，则返回 True，否则返回 False
x not in list1	如果列表 list1 中不包含 x 对象，则返回 True，否则返回 False
len(list1)	函数返回 list1 中列表元素的个数
max(list1)	函数返回 list1 列表中元素的最大值，要求 list1 中列表元素类型相同
min(list1)	函数返回 list1 列表中元素的最小值，要求 list1 中列表元素类型相同

续表

操　作	功　能
sorted(list1)	函数返回 1 个新列表，将 list1 中的元素进行排序，关键字 reverse=False 或省略为升序排列；关键字 reverse=True 为降序排列
sum(list1)	如果 list1 中所有列表元素都是数字，函数返回列表元素之和
list1.append(x)	将数据 x 添加到列表 list1 的最后
list1.insert(i,x)	在列表 list1 的 i 号位置插入数据 x
list1.clear()	删除列表 list1 中的所有元素，保留空列表
list1.copy()	产生 1 个与 list1() 相同的列表
list1.extend(list2)	将列表 list2 中的元素添加到 list1 末尾
list1.pop(i)	将列表中的第 i 个元素退出列表，并返回该元素值。省略参数 i 退出最后一个元素
list1.popitem	
list1.remove(x)	删除列表中第一个 x 元素
list1.reverse()	翻转列表
list1.sort()	对列表 list1 中的元素进行排序。关键字 reverse=False 或省略为升序排列；关键字 reverse=True 为降序排列

5.3　元　　组

元组的结构与列表类似，但元组的元素是不可变的。元组一旦创建，就不可以修改其元素，也不能添加或者删除元素。元组使用一对小括号标示，在小括号内用逗号分隔元组元素。一个元组中的数据元素可以是基本数据类型，也可以是组合数据类型或自定义数据类型。例如，下面的元组都是合法的。

```
(1,2,3,4,5)
("Python","C#","Java","Go","VB")
()
(5,)
((1,2,3),("a","b","c"),(True,False))
```

需要注意的是，只含有一个元素的元组，元素后面一定要有逗号，否则就是一个表达式。两个或者两个以上元素的元组，最后一个元素后可以有逗号，也可以没有。

5.3.1　创建元组

1. 通过赋值创建元组

可以通过使用小括号，并将小括号内的每一个元素用逗号分隔来创建元组，或者使用 tuple() 函数进行创建。

```
>>> tup1=()                    #产生一个空元组
>>> tup1
()
```

```
>>> tup2=(1,2,3,4,5,)
>>> tup2
(1, 2, 3, 4, 5)
>>> tup3=('Python','c++','Java','VB','Perl')
>>> tup3
('Python', 'c++', 'Java', 'VB', 'Perl')
>>> tup4=tuple()                    #产生一个空元组，等价于tup1=()
>>> tup4
()
>>> tup5=tuple(range(1,10,2))    #将range函数产生的序列变为元组
>>> tup5
(1, 3, 5, 7, 9)
>>> tup6=tuple("沈阳师范大学")    #每字符作为元组中的一个数据元素
>>> tup6
('沈', '阳', '师', '范', '大', '学')
>>>
```

使用小括号创建元组的时候，小括号也可以省略，例如下面代码。

```
>>> tup=1,2,3,4,5
>>> tup
(1, 2, 3, 4, 5)
>>>
```

2. 通过推导式创建元组

元组也可以使用推导式来生成，其与创建列表的语法相近，只是不用中括号而用小括号。

```
(表达式 for 变量 in 序列)
```

与列表推导式不同的是，这种推导式叫作生成器推导式，它的结果是一个生成器对象，而不是元组。生成器对象可以使用 next()函数依次访问其中的元素，也可以使用 list()函数或者 tuple()函数转换为列表或者元组后使用。例如：

```
>>> g=(x**2 for x in range(1,10))          #利用推导式产生生成器g
>>> g
<generator object <genexpr> at 0x02D03900>    #访问g会提示在某地址有生成器
>>> next(g)                 #使用next函数访问生成器中的第一个元素
1
>>> next(g)                 #使用next函数继续向下访问生成器中的元素
4
>>> next(g)
9
>>> tuple1=tuple(g)          #使用tuple()函数将生成器中没访问的元素转换为元组
>>> tuple1
(16, 25, 36, 49, 64, 81)
>>>
```

列表推导式产生的列表与生成器推导式产生的生成器有着本质的区别。

(1) 列表推导式会直接形成一个新的列表，一次性把列表中的所有数据都放入内存，如果列表元素非常多，会占用很大的内存空间。生成器对象只是生成器推导式指定的算

法，当访问生成器的时候才产生具体的元素，而不是一次性生成所有元素，所以生成器对象只占用很小的内存空间。

(2) 列表推导式生成的列表中的元素可以多次访问；生成器推导式产生的生成器中的元素，只能从前到后一个元素一个元素地访问，访问后即消失。在上述例子中，当访问了生成器 g 中的元素 1、4、9 以后，再将生成器 g 转换为元组，就只能转换生成器中未访问的元素了，即把 16 到 81 转换为一个元组，生成器使用过 1 次以后就被释放掉，如需再次使用，只能再用生成器推导重新产生，如下所示。

```
>>> g=(x**2 for x in range(1,10))
>>> for i in g:
            print(i,end=",")
1,4,9,16,25,36,49,64,81,
>>> for i in g:
            print(i,end=",")
>>>
```

 注 意

第一个 for 语句循环遍历生成器 g 中的所有元素后，第二个 for 语句循环就没有任何结果了，因为生成器中的所有元素都已经访问完，不能回到生成器的第一个元素再次访问了，所以第二个循环没有任何显示。

当需要重复访问一个生成器中的元素时，可以根据需要用 list()函数转为列表或使用 tuple()函数转为元组，然后使用。

5.3.2 访问元组

元组属于不可变序列，一旦创建，元组中的值就固定下来不可改变，也无法为元组增加元素或者删除元素。列表可以通过切片访问增加或者删除元素，但是元组不可以。访问一个元组与访问列表的方法类似。通过索引号访问元组元素的格式如下。

```
<元组名> [<索引>]
```

例如：

```
>>> tuple1=('a','b','c','d','e','f','g')
>>> tuple1[1]                #访问元组 tuple1 中正向索引序号为 1 的元素
'b'
>>> tuple1[3:5]              #访问元组 tuple1 中正向索引序号从 3 到 4 的元素
('d', 'e')
>>> tuple1[-1]              #访问元组 tuple 中逆向索引序号为-1 的元组
'g'
>>>
```

一个元组中的元素如果也是由列表、元组等构成的，也会构成二维结构。可以采用和访问二维列表相似的方式访问二维元组。注意：虽然元组不可改变，但是如果元组中的某元素是列表等可变类型，则该元素是可以改变的。例如下面代码。

```
>>> a=[1,2,3]
>>> b=[4,5,6]
>>> c=(7,8,9)
>>> d=(a,b,c)                    #元组 d 由 2 个列表和 1 个元组组成
>>> d
([1, 2, 3], [4, 5, 6], (7, 8, 9))
>>> d[1]=[10,20,30]              #修改元组元素会产生错误，因为元组是不可变的
Traceback (most recent call last):
  File "<pyshell#113>", line 1, in <module>
    d[1]=[10,20,30]
TypeError: 'tuple' object does not support item assignment
>>> d[1][0]=10                   #修改 1 号元组元素中 0 号列表元素
>>> d[1][1]=20                   #修改 1 号元组元素中 1 号列表元素
>>> d[1][2]=30                   #修改 1 号元组元素中 2 号列表元素
>>> d                            #修改成功
([1, 2, 3], [10, 20, 30], (7, 8, 9))
>>> d[2][0]=70                   #修改 2 号元组元素中 0 号元组元素，错误
Traceback (most recent call last):
  File "<pyshell#118>", line 1, in <module>
    d[2][0]=70
TypeError: 'tuple' object does not support item assignment
>>>
```

元组的常用操作和函数方法与列表基本一致，本节不再赘述。

5.4 字　　典

字典是一种映射型的组合数据结构，由键值对组成。在一个字典结构中，一个键只能对应一个值，但是多个键可以对应相同的值。这就好像在一个学校里，一个学生只能有唯一的学号，但是不同学号的学生，其姓名有可能相同。字典类型和序列类型的区别在于存储和访问方式都不同。序列类型通常通过索引序号来访问，而且只采用整数作为索引序号；字典可以用任意不可变类型如数字、字符串、元组等作为值的索引，也就是"键"。

字典将键值对放在一对大括号之间，并使用逗号作为分隔，每个键与值之间用冒号分隔。例如，下面的字典都是合法的。

```
{}
{1:"Python",2:"C++",3:"Java",4:"VB"}
{"No1":"Python","No2":"C++","No3":"Java","No4":"VB"}
{("三班",15):["张晓红","女"],("四班",22):["董强","男"],("五班",7):["张晓红","女"]}
```

5.4.1　字典的创建

字典对象是由"键值对"组成的，外面是大括号。可以采用以下方法创建字典。

1. 通过赋值语句创建字典

```
>>> dict1={}
>>> dict1
{}
>>> dict2={'优':90,'良':80,'中':'70','及':60}
>>> dict2
{'优': 90, '良': 80, '中': '70', '及': 60}
```

2. 通过 dict()函数创建字典

使用 dict()函数可以将键值对形式的列表创建为字典。例如下面代码。

```
>>> dict3=dict([['优', 90], ['良', 80], ['中', '70'], ['及', 60]])
>>> dict3
{'优': 90, '良': 80, '中': '70', '及': 60}
```

使用 dict()函数也可以将键值对形式的元组创建为字典。

```
>>> dict4=dict(((('优', 90), ('良', 80), ('中', '70'), ('及', 60)))
>>> dict4
{'优': 90, '良': 80, '中': 70, '及': 60}
```

在 dict()函数中调用 zip()函数，可以将多个序列作为参数，返回由序列构成的列表。例如下面例子中，将两个列表['优', '良', '中', '及']和[90,80,70,60]作为 zip()函数的参数，则函数结果为[('优', 90), ('良', 80), ('中', '70'), ('及', 60)]，再通过 dict()函数即可以创建为字典：{'优': 90, '良': 80, '中': '70', '及': 60}。

```
>>> dict5=dict(zip(['优', '良', '中', '及'],[90,80,70,60]))
>>> dict5
{'优': 90, '良': 80, '中': 70, '及': 60}
```

3. 通过 fromkeys()方法创建字典

调用 fromkeys()方法可以创建值都相同的字典，可以将一个序列作为键，然后指定一个统一的值。formkeys()方法也可以不指定值，创建的字典默认为空值(None)。例如下面代码。

```
>>> dict6={}.fromkeys(['优', '良', '中', '及'],"大于 60 分")
>>> dict6
{'优': '大于 60 分', '良': '大于 60 分', '中': '大于 60 分', '及': '大于 60 分'}
>>> dict7={}.fromkeys(['优', '良', '中', '及'])
>>> dict7
{'优': None, '良': None, '中': None, '及': None}
>>>
```

4. 通过推导式创建字典

使用推导式也可以创建字典，语法格式如下。

```
{键:值 for 变量 in 序列}
```

例如下面代码。

```
>>> dict8 = {n: n**2 for n in range(1,5)}
>>> dict8
{1: 1, 2: 4, 3: 9, 4: 16}
>>>
```

需要注意的是，字典的内部存储是无序的，也就是说，创建字典时的顺序与字典的存储顺序不一定相同。而字典的访问是通过键来访问值，因此不必关注其存储的先后顺序。

5.4.2　访问字典

1. 通过键访问值

字典中的键值对是一种映射关系，因此根据"键"就可以访问"值"。字典中的值可以通过方括号并指定键的方式进行访问。如果"键"不存在，则系统提示错误。例如下面代码。

```
>>> dict4                       #设已有字典dict4，内容如下
{'优': 90, '良': 80, '中': '70', '及': 60}
>>> dict4['良']                 #访问键为"良"的映射值
80
>>> dict4['良好']               #访问键为"良好"的映射值，字典中没有该键，会出错
Traceback (most recent call last):
  File "<pyshell#31>", line 1, in <module>
    dict4['良好']
KeyError: '良好'
>>>
```

字典对象提供了一个 get()方法来通过键访问对应的值：当键存在时，返回该键对应的值，而键不存在的时候也不会出错，返回指定值。例如下面代码。

```
>>> dict4
{'优': 90, '良': 80, '中': '70', '及': 60}
>>> dict4.get('良','键不存在')
80
>>> dict4.get('良好','键不存在')
'键不存在'
>>>
```

2. 访问字典的所有键值对、所有键、所有值

通过调用字典的 items()方法可以返回所有的键值对；调用 keys()方法可以返回所有的键；而调用 values()方法可以返回所有的值。例如下面代码。

```
>>> dict4
{'优': 90, '良': 80, '中': '70', '及': 60}
>>> dict4.items()
dict_items([('优', 90), ('良', 80), ('中', '70'), ('及', 60)])
>>> dict4.keys()
dict_keys(['优', '良', '中', '及'])
```

```
>>> dict4.values()
dict_values([90, 80, '70', 60])
>>>
```

3. 遍历字典

一般通过 for 语句循环可以遍历字典的元素。例如下面代码。

```
>>> dict4
{'优': 90, '良': 80, '中': '70', '及': 60}
>>> for i in dict4:                 #默认访问的是字典的键
    print(i,end=",")

优,良,中,及,
>>> for i in dict4.items():        #指定访问字典键值对元素
    print(i,end=",")

('优', 90),('良', 80),('中', '70'),('及', 60),
>>> for i in dict4.values():       #指定访问字典的值
    print(i,end=",")

90,80,70,60,
>>>
```

5.4.3 更新字典

字典与列表一样，是一个可变对象，对字典可以进行添加元素、删除元素、修改元素等操作。

1. 添加元素

通过赋值语句可以向字典添加键值对元素。例如下面代码。

```
>>> dict1={'No1': 'Python', 'No2': 'C++', 'No3': 'Java', 'No4': 'VB'}
>>> dict1
{'No1': 'Python', 'No2': 'C++', 'No3': 'Java', 'No4': 'VB'}
>>> dict1['No5']='PHP'              #键不是字典原有键，则添加一个键值对元素
>>> dict1
{'No1': 'Python', 'No2': 'C++', 'No3': 'Java', 'No4': 'VB', 'No5': 'PHP'}
>>> dict1['No2']='C#'              #键是字典原有键，则更新该键的值，不添加元素
>>> dict1
{'No1': 'Python', 'No2': 'C#', 'No3': 'Java', 'No4': 'VB', 'No5': 'PHP'}
```

使用 setdefault()函数向字典添加元素。例如下面代码。

```
>>> dict1={'No1': 'Python', 'No2': 'C++', 'No3': 'Java', 'No4': 'VB'}
>>> dict1
{'No1': 'Python', 'No2': 'C++', 'No3': 'Java', 'No4': 'VB'}
>>> dict1.setdefault('No5','PHP')    #'No5'不是原有键，则添加'PHP'并返回该值'PHP'
>>> dict1
{'No1': 'Python', 'No2': 'C++', 'No3': 'Java', 'No4': 'VB', 'No5': 'PHP'}
>>> dict1.setdefault('No2')          #'No2'是字典的原有键，则返回该键的值'C++'
```

```
>>> dict1
{'No1': 'Python', 'No2': 'C++', 'No3': 'Java', 'No4': 'VB', 'No5': 'PHP'}
>>> dict1.setdefault('no2')         #'no2'不是原有键，且无第二参数，则添加 None
>>> dict1
{'No1': 'Python', 'No2': 'C++', 'No3': 'Java', 'No4': 'VB', 'No5': 'PHP',
'no2':None}
>>>
```

2．合并字典

使用 update()函数可以将一个字典中的元素添加到当前字典，如果两个字典的键有重名，则用另一个字典中的值对当前字典进行更新。

```
>>> dict1={'No1': 'Python', 'No2': 'C++'}
>>> dict2={'No3': 'Java', 'No4': 'VB', 'No5': 'PHP'}
>>> dict3={'No2': 'C#'}
>>> dict1.update(dict2)              #dict2 和 dict1 的键没有重复，则将 dict2 中
的所有元素添加到 dict1
>>> dict1
{'No1': 'Python', 'No2': 'C++', 'No3': 'Java', 'No4': 'VB', 'No5': 'PHP'}
>>> dict1.update(dict3)             #dict3 中有和 dict1 重复的键，则用 dict3 中
重复键"No2"的值"c#"更新 dict1 中"No2"键的值
>>> dict1
{'No1': 'Python', 'No2': 'C#', 'No3': 'Java', 'No4': 'VB', 'No5': 'PHP'}
>>>
```

3．修改元素的值

修改字典中的元素的值可以用赋值语句实现。例如下面代码。

```
>>> dict1={'No1': 'Python', 'No2': 'C++'}
>>> dict1
{'No1': 'Python', 'No2': 'C++'}
>>> dict1['No2']='Java'
>>> dict1
{'No1': 'Python', 'No2': 'Java'}
>>>
```

4．删除元素

删除字典中的元素可以用 del()函数、del 语句、pop()方法、popitem()方法或者 clear()方法实现。例如下面代码。

```
>>> dict1={'No1': 'Python', 'No2': 'C++', 'No3': 'Java', 'No4': 'VB'}
>>> del(dict1['No4'])           #使用 del 函数删除指定键的字典元素
>>> dict1
{'No1': 'Python', 'No2': 'C++', 'No3': 'Java'}
>>> del dict1['No3']            #使用 del 语句删除指定键的字典元素
>>> dict1
{'No1': 'Python', 'No2': 'C++'}
>>> del dict1                   #使用 del 语句删除整个字典
```

```
>>> dict1                              #字典删除后再进行访问，则返回错误信息
Traceback (most recent call last):
  File "<pyshell#100>", line 1, in <module>
    dict1
NameError: name 'dict1' is not defined
>>> dict1={'No1': 'Python', 'No2': 'C++', 'No3': 'Java', 'No4': 'VB'}
>>> dict1.pop('No4','键不存在')  #使用pop方法删除指定键的字典元素，如果该键不存在
则返回第二参数的值，如果键存在，则返回该键的值，同时删除
'VB'
>>> dict1
{'No1': 'Python', 'No2': 'C++', 'No3': 'Java'}
>>> dict1.pop('No5','键不存在')
'键不存在'
>>> dict1={'No1': 'Python', 'No2': 'C++', 'No3': 'Java', 'No4': 'VB'}
>>> dict1.popitem()              #使用popitem()方法可以随机删除字典中的一个元素，并返
回该元素。因为字典里的元素是无序的，所以相当于在集合中去掉一个元素，而且没有顺序。当字典
为空时，再使用popitem()方法会返回错误信息
('No4', 'VB')
>>> dict1.popitem()
('No3', 'Java')
>>> dict1.popitem()
('No2', 'C++')
>>> dict1.popitem()
('No1', 'Python')
>>> dict1.popitem()
Traceback (most recent call last):
  File "<pyshell#122>", line 1, in <module>
    dict1.popitem()
KeyError: 'popitem(): dictionary is empty'
>>> dict1={'No1': 'Python', 'No2': 'C++', 'No3': 'Java', 'No4': 'VB'}
>>> dict1.clear()                      #使用clear()方法可以清空字典，但字典依然存在
>>> dict1
{}
>>>
```

5.4.4 字典常用的操作

字典常用操作和函数方法，如表 5.2 所示。

表 5.2　字典常用操作和函数方法

操　　作	功　　能
key in dict1	如果字典 dict1 包含键 key，则返回 True，否则返回 False
(key,value) in dict1.items()	如果字典 dict1 包含键值对(key,value)，则返回 True，否则返回 False
value in dict1.values()	如果字典 dict1 包含值 value，则返回 True，否则返回 False
len(dict1)	求字典 dict1 中的元素个数
max(dict1)	求字典 dict1 键的最大值，要求所有键数据类型相同
min(dict1)	求字典 dict1 键的最小值，要求所有键数据类型相同

续表

操 作	功 能
list(dict1)	返回由字典 dict1 中的键组成的列表
list(dict1.items())	返回由字典 dict1 的元素组成的列表，键值对转换为元组(key,value)
list(dict1.values())	返回由字典 dict1 的值组成的列表
list(dict1.keys())	返回由字典 dict1 中的键组成的列表
dict1.get(k[,d])	如果键 k 存在，则返回对应值，否则返回数据 d，d 省略返回 None
dict1.clear()	清除字典中的键值对，保留空字典
dict.copy()	产生一个与字典 dict1 相同的字典
dict1.update(dict2)	将字典 dict2 添加到字典 dict1，如两个字典中有相同的键，则值为 dict2 中该键的值
dict1.pop(k[,d])	删除字典 dict1 中的 k 键，并返回 k 键的值。如果字典中没有 k 键，返回数据 d
dict1.setdefault(k[,d])	返回字典 dict1 中 k 键的值，如果没有 k 键，返回数据 d
dict1=dict.fromkeys(s[,v])	创建字典 dict1，s 为键序列，键的值统一设置为 v，v 省略时键值为 None。dict 为一个字典的名称，一般是空字典

【例 5.3】 随机产生 500 个小写字母，统计每个字母出现的频率。

```
# example5.3
from random import choice
str='abcdefghijklmnopqrstuvwxyz'
dict1=dict()
for i in range(500):
    r=choice(str)
    dict1[r]=dict1.get(r,0)+1
print('一共产生的字母为: ',sum(dict1.values()))
print('每个字母产生的词频为: ',dict1)
```

程序运行结果如下(字母为随机产生，每次运行结果不同)。

```
>>>
==============RESTART: C:/ Python/Python36/example5.3.py==============
一共产生的字母为: 500
每个字母产生的词频为: {'y': 23, 'c': 18, 'e': 21, 'h': 17, 'v': 22, 'u': 25,
'r': 23, 'q': 23, 'x': 19, 'b': 17, 'a': 23, 'j': 25, 'o': 23, 'g': 14,
'n': 17, 'f': 24, 'i': 17, 'p': 26, 't': 21, 'm': 18, 's': 17, 'w': 14,
'k': 14, 'l': 17, 'd': 12, 'z': 10}
>>>
```

说 明

(1) choice()函数随机返回序列中的一个元素，例 5.3 中会在 26 个小写字母中随机返回 1 个字母，赋给变量 r。

(2) dict1[r]=dict1.get(r,0)+1 是例 5.3 的核心语句，r 是一个随机的字母，对以 r 为键的

字典 dict1 进行赋值(如果没有 r 键，则添加字典元组)，dict1.get(r,0)会返回以 r 为键的值，如果 r 键不存在，则返回 0 并创建新键值对元素，假设 r 随机产生的字母序列为'a'，'b'，'a'，'c'，'a'，则执行顺序如表 5.3 所示。

表 5.3　语句执行实例

r 产生顺序	语　句	结　果
a	dict1['a']=dict1.get('a',0)+1	字典中无'a'键，添加'a':1 元素
b	dict1['b']=dict1.get('b',0)+1	字典中无'b'键，添加'b':1 元素
a	dict1['a']=dict1.get('a',0)+1	字典中已有'a'键，取出键为'a'的元素的值 1 再加 1,元素更新为'a':2
c	dict1['c']=dict1.get('c',0)+1	字典中无'c'键，添加'c':1 元素
a	dict1['a']=dict1.get('a',0)+1	字典中已有'a'键，取出键为'a'的元素的值 2 再加 1,元素更新为'a':3
…	…	…

5.5　集　　合

集合是无序的可变序列，集合元素放在一对大括号间(和字典一样)，元素之间用逗号分隔。在一个集合中，元素不允许重复。集合的元素类型只能是不可变数据类型，如整型、字符串、元组等，而列表、字典等是可变数据类型，不能作为集合中的数据元素。例如下面的集合都是合法的。

```
{1,2,3,4,5,6,7}
{"a","b","c","d","e"}
{(1, 2), (1, 3), (2, 1), (2, 3), (2, 2), (1, 1)}
```

5.5.1　创建集合

创建可变集合可以使用赋值语句或者 set()函数；创建不可变集合可以使用 frozenset()函数。

1. 通过赋值语句创建集合

```
>>> set1={1,2,3,4,3,2,1}              #创建集合对象时，重复元素自动去掉
>>> set1
{1, 2, 3, 4}
>>> set2={(1,1),(1,2),(2,1),(2,2)}
>>> set2
{(1, 2), (1, 1), (2, 1), (2, 2)}
```

2. 通过 set()函数创建可变集合

```
>>> set3=set()                          #注意，如果使用赋值语句 set3={}创建的是
空字典，空集合只能通过没有参数的 set()函数创建
>>> set3
set()
>>> set4=set([1,2,3,4,3,2,1])            #将列表对象创建为集合
>>> set4
{1, 2, 3, 4}
>>> set5=set((1,2,3,4,3,2,1))            #将元组对象创建为集合
>>> set5
{1, 2, 3, 4}
```

3. 通过 frozenset()函数创建不可变集合

```
>>> set6=frozenset([1,2,3,4,3,2,1])         #不可变集合，创建后不可更新
>>> set6
frozenset({1, 2, 3, 4})
>>>
```

5.5.2　访问集合

集合中的元素是无序的，而且也没有任何键与集合元素对应，所以无法取指定的某个元素，只能遍历整个集合访问其中的元素。例如下面代码。

```
>>> set1={1,7,2,6,5,4,3,7,1}
>>> for i in set1:
          print(i,end=',')

    1,2,3,4,5,6,7,
>>>
```

5.5.3　更新集合

集合的更新只有添加元素和删除元素两种操作。只有可变集合是可以更新的，不可变集合创建后不能更新。

1. 添加元素

通过 add()函数可以向集合中添加 1 个元素；通过 update()函数可以向集合中添加多个元素。在向集合中添加元素时，如果新元素与集合中原有的元素重复，将不会被添加。例如下面代码。

```
>>> set1={1,2,3,4}
>>> set1.add(5)               #add()函数 1 次只能向集合中添加 1 个元素
>>> set1
{1, 2, 3, 4, 5}
>>> set1.add(4)               #如果添加的元素重复，则新元素不会被添加
```

```
>>> set1
{1, 2, 3, 4, 5}
>>> set1.update({1,2,6,7})    #update()函数的实质是将一个新集合合并到原有集合
>>> set1
{1, 2, 3, 4, 5, 6, 7}
>>>
```

2. 删除元素

删除一个集合中的元素可以使用 remove()方法、pop()方法、discard()方法或者 clear()
方法。例如下面代码。

```
>>> set1={1,2,3,4,5,6,7}
>>> set1.remove(4)                #删除集合元素 4
>>> set1
{1, 2, 3, 5, 6, 7}
>>> set1.remove(8)                #若删除的元素不在集合中，返回错误
Traceback (most recent call last):
  File "<pyshell#145>", line 1, in <module>
    set1.remove(8)
KeyError: 8
>>> set1.discard(2)               #discard 函数和 remove 函数使用方法类似
>>> set1
{1, 3, 5, 6, 7}
>>> set1.discard(4)               #若删除的元素不在集合中，discard 函数不报错
>>> set1
{1, 3, 5, 6, 7}
>>> set1.pop()                    #随机删除一个集合元素
3
>>> set1
{1, 5, 6, 7}
>>> set1.clear()                  #清除集合中所有元素
>>> set1
set()
>>>
```

5.5.4 集合常用的操作

Python 语言中的集合和数学中的集合概念很像，也可以进行并、交等运算。表 5.4 列
出了集合的常用操作符和函数方法。

表 5.4 常用集合操作

操 作	功 能
x in set1	元素 x 在 set1 中，返回 True，否则返回 False
x not in set1	元素 x 不在 set1 中，返回 True，否则返回 False
set1==set2	set1 与 set2 元素个数和元素值完全相同，返回 True，否则返回 False
set1!=set2	set1 与 set2 不同，返回 True，否则返回 False

续表

操 作	功 能
set1<set2	set1 是 set2 的真子集，返回 True，否则返回 False
set1<=set2	set1 是 set2 的子集，返回 True，否则返回 False
set1 & set2	求 set1 与 set2 的交集
set1 | set2	求 set1 与 set2 的并集
set1-set2	求 set1 减 set2，即求属于 set1 不属于 set2 的元素集合
set1^set2	求 set1 和 set2 的对称差
len(set1)	求 set1 的元素个数
set1.add(x)	将元素 x 添加到集合
set1.update(set2)	将集合 set2 中元素添加到集合 set1
set1.remove(x)	删除集合 set1 中元素 x。如果 x 不在集合中，则出错
set1.discard(x)	删除集合 set1 中元素 x。如果 x 不在集合中，不报错
set1.pop()	随机删除集合 set1 中一个元素，如果 set1 为空集合，则出错
set1.clear()	清除集合 set1 中所有元素
set1.isdisjoint(set2)	判断 set1 和 set2 是否有相同的元素，如果有，返回 False，否则返回 True
set1.issubset(set2)	判断 set1 是否为 set2 的子集，如果是，返回 True，否则返回 False
set1. issuperset(set2)	判断 set2 是否为 set1 的子集，如果是，返回 True，否则返回 False

习　题

一、填空题

1. 假设列表对象 list1 的值为[3, 4, 5, 6, 7, 9, 11, 13, 15, 17]，那么切片 list1[3:7]得到的值是_____。

2. 使用列表推导式生成包含 100 以内奇数的列表，表达式可以写为_____。

3. 任意长度的 Python 列表、元组和字符串中最后一个元素的下标为_____。

4. 字典中多个元素之间使用_____分隔，每个元素的"键"与"值"之间用_____分隔。

5. 字典对象的_____方法返回字典的键列表，_____返回字典的值列表，_____方法返回字典的元素列表。

6. 已知字典 x = {i:(i+3)**2 for i in range(5)}，那么表达式 sum(x.values()) 的值为_____。

7. 表达式 set([3,2,3,1]) == {1, 2, 3} 的值为_____。

二、判断题

1. 列表、元组、字符串是 Python 的有序序列。　　　　　　　　　　（　　）

2. 元组、列表、字典都是有序的数据结构。　　　　　　　　　　　　（　　）

3. Python 集合中的元素不允许重复。　　　　　　　　　　　　　　　　　（　　）

4. 在 Python 中，运算符+不仅可以实现数值的相加、字符串连接，还可以实现集合的并集运算。　　　　　　　　　　　　　　　　　　　　　　　　　　　　　　（　　）

5. 已知 A 和 B 是两个集合，并且表达式 A<B 的值为 False，那么表达式 A>B 的值一定为 True。　　　　　　　　　　　　　　　　　　　　　　　　　　　　　　　（　　）

6. 无法删除集合中指定位置的元素，只能删除特定值的元素。　　　　　　　　（　　）

获取本章教学课件，请扫右侧二维码。

第 5 章 组合数据结构.pptx

第6章 字符串与正则表达式

- 熟悉字符串的格式化、索引和分片的具体方法
- 掌握 Python 中字符串的基本运算符
- 掌握 Python 中的字符串运算函数
- 掌握 Python 中的字符串运算方法
- 了解正则表达式的使用

6.1 字符串的格式化

6.1.mp4

Python 中的字符串是一种非常重要的数据类型，它支持丰富的操作和运算。Python 中的字符串可以看作是一串连续存储的字符的序列，它可以通过索引顺序地进行访问。

6.1.1 转义字符串与原始字符串

1. 转义字符串

转义字符串(escape string)顾名思义，就是指经过定义使得某些特定字符可以被高级语言解释器解释为另外一种含义，而不再是该字符本来的含义。在 Python 中，在特定符号前加 "\" 就构成了转义字符。Python 中常用的转义字符如表 6.1 所示。

表 6.1 Python 中的转义字符

转义字符	功　能
\	行尾的续行符，即一行未完，转到下一行继续写
\\	反斜线
\'	单引号
\"	双引号
\a	响铃
\b	退格(Backspace)，删除前一个字符
\f	分页
\n	换行符
\r	回车符
\t	水平制表符，用于横向跳到下一制表位
\v	纵向制表符
\ooo	3 位八进制数 ooo 代表的字符，如 \012 代表换行

续表

转义字符	功　能
\xhh	2 位十六进制数 hh 代表的字符，如 \x0a 代表换行
\uhhhh	4 位十六进制数 hhhh 代表的 Unicode 字符

转义字符的作用有两个方面。

(1) 用来将普通字符转为特殊用途。即用来表示字符集中某些不可打印的字符，例如回车、换行等，使用转义字符便于在程序编码中完成输出格式的控制。

【例 6.1】换行符和制表符控制输出。

```
#example6.1
s1='商品销售清单\n'                    #\n 为换行符
s2='商品名\t\t 单价\t\t 数量\t\t 总价\n'     #\t 为水平制表符，用于横向跳到下一制表位
s3='C 语言程序设计\t99\t\t2\t\t198'
print(s1,s2,s3)
```

程序运行结果如下。

```
>>>
=========== RESTART: C:\Users\Desktop\example6.1.py ===========
商品销售清单
 商品名      单价     数量     总价
 C 语言程序设计  99      2       198
>>>
```

例如：转义字符实现汉字与 Unicode 转换。

```
>>> text='沈阳师范大学'
>>> bytestext=text.encode('unicode_escape')     #encode 返回字符 unicode 编码
>>> print(bytestext1)
b'\\u6c88\\u9633\\u5e08\\u8303\\u5927\\u5b66'    #转义字符\u 将编码转换为字符
>>> print('\u6c88\u9633')
沈阳
>>>
```

(2) 用来将特殊意义的字符转换为本来的含义。用来将编程环境中的某些标识性的特定符号，如单引号、双引号等，说明为普通字符。

例如：在 Python 中，单引号(或双引号)作为字符串的标识，如果字符串中包含引号(例如'Let's do it')，为了避免解释器将字符串中的引号误认为是字符串标识符，就需要对单引号进行转义。单引号 " ' " 的转义字符为 " \' "，尽管它由 2 个字符组成，但会被看作是一个转义字符。

```
>>> s='Let's do it'            #直接使用时报错
SyntaxError: invalid syntax
>>> s='Let\'s do it'           #使用转义字符\'时，可以得到正确的字符串
>>> print(s)
Let's do it
>>>
```

2. 原始字符串

在 Python 中，当在字符串前加上字母"r"或"R"时，表示字符串为原始字符串，此时解释器不会对字符串中的转义字符进行转义，也就是说，原始字符串中的所有字符都具有原始含义。通常在表示文件路径、URL 和正则表达式中使用原始字符串。例如下面代码。

```
>>> path='C:\Windows\notepad.exe'          #path 字符串中的\n 会被转义为换行符
>>> print(path)                             #此时 path 字符串被转义为错误的路径
C:\Windows
notepad.exe
>>> path=r'C:\Windows\notepad.exe'          #字符串前加 r，表示字符串为原始字符串
>>> print(path)                             #此时 path 是一个正确的路径
C:\Windows\notepad.exe
>>>
```

6.1.2 字符串的格式化- %

字符串的格式化通常用在 print()函数中，用来实现输出字符的特定样式。Python 提供了运算符"%"对各种类型的数据进行格式化。

1. 简单的格式说明符

格式说明符以"%"开头，它与普通字符一起构成"格式字符串"。当使用 print 函数输出该格式字符串时，将显示设置的输出数据的样式。

格式字符串的语法格式如下。

```
<格式字符串>%(<值1>，<值2>，…，<值n>)
```

通过格式运算符"%"实现将一个值插入到格式字符串中相应"%"出现的位置。例如下面代码。

```
>>> print("今天是%d 年%d 月%d 日，天气%s！"%(2020,1,26,'晴'))
今天是 2021 年 1 月 26 日，天气晴！
>>>
```

上面程序中的 print 函数包含以下三个部分：第一部分是格式字符串(相当于字符串模板)，即"今天是%d 年%d 月%d 日，天气%s！"，该格式字符串中包含三个"%d"和一个"%s"，其作用相当于四个占位符；第二部分使用"%"作为分隔符；第三部分为变量或表达式列表，即(2021,1,12,'晴')，用来取代第一部分中相应的占位符，如图 6.1 所示。

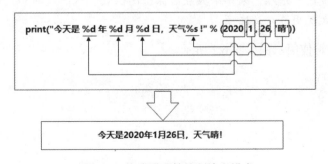

图 6.1 格式说明符控制输出样式

格式化字符串中的"%d"和"%s"，其作用相当于占位符，它会被后面的变量或表达式的值代替。"%d"表示此处是一个整数，"%s"表示此处是一个字符串。Python 的常用格式说明符如表 6.2 所示。

表 6.2　常用的格式说明符

符　　号	描　　述
%c	字符及其 ASCII 码
%s	字符串
%d	十进制整数
%o	八进制整数
%x	十六进制整数(用小写字母)
%X	十六进制整数(用大写字母)
%f	浮点数字，可指定小数点后的精度
%e	浮点数字，科学计数法，用小写 e
%E	浮点数字，科学计数法，用大写 E
%g 或%G	浮点数字，根据值采用不同模式

2. 完整的格式说明符

一个完整的格式说明符可按如下的形式构造。

```
%[[(name)][flags][width].[precision]typecode}
```

 说　明

(name)：数据键，可选项，用于选择指定的键值。

flags：标志，可选项，可供选择的值有以下几个。

+：右对齐，正数前加正号，负数前加负号；

-：左对齐，正数前无符号，负数前加负号；

空格：右对齐，正数前加空格，负数前加负号；

0：右对齐，正数前无符号，负数前加负号，用 0 填充空白处。

width：宽度，可选项，表示数据宽度。

precision：精度，可选项，表示小数点后保留的位数。

typecode：格式说明符，必选项。

完整格式说明符使用示例如图 6.2 所示。

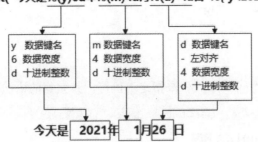

图 6.2　完整格式说明符使用示例

例如下面代码。

```
>>> a="今天是%(y)6d年%(m)4d月%(d)-4d日"%{'y':2020,'m':1,'d':26}
>>> print(a)
今天是  2020 年   1月26  日
>>> b = "%(name)10s 今年是%(age)10d 岁"%{'name':'小明','age':20}
>>> print(b)
        小明今年是          20 岁
>>> c = "%(year) 10d 年小明%(age)010d 岁"%{'year':2021,'age':20}
>>> print(c)
     2021 年小明 0000000020 岁
>>> r=10
>>> d='半径为%(r).2f=>圆的面积为=>%(s) 10e'%{'s':3.1415926*r*r,'r':r}
>>> print(d)
半径为10.00=>圆的面积为=> 3.141593e+02
```

6.1.3　字符串的格式化- format

1. 语法格式

Python 推荐使用 format()方法进行字符串的格式化，其语法格式如下。

```
<模板字符串> . format(<值 1>,<值 2>,…,<值 n>)
```

📝 **说 明**

在此方法中，"模板字符串"用于指定字符串的显示样式，"参数表"用于指定要进行格式转换的项，多项之间用逗号分隔。例如下面代码。

```
>>> print("今天是{}年{}月{}日，天气{}！".format(2021,1,26,'晴'))
今天是 2021 年 1 月 26 日，天气晴！
>>>
```

模板字符串中的"{}"是占位符。在默认情况下，占位符要与 format()参数表中的数据项一一对应。其中，参数表中的每个数据项都按其排列顺序具有一个默认序号(参数表可视为元组序号从 0 开始)，也可以在"{}"中指定序号，用来引用指定的数据项。例如下面代码。

```
>>> print("今天是{1}月{2}日{0}年，天气{3}！".format(2021,1,26,'晴'))
今天是1月26日2021年，天气晴！
>>>
```

2. 模板字符串

模板字符串需要使用"{}"和":"来指定占位符，其完整的语法格式如下。

{ [序号][： [[填充]对齐] [宽度] [,] [.精度] [类型]] }

各参数的功能及位置如图 6.3 所示。

序号	<填充>	<对齐>	<宽度>	<,>	<精度>	<类型>
引导符号	用于填充的单个字符	<左对齐 >右对齐 ^居中对齐	槽的设定输出宽度	千分位符仅对整数和浮点数	浮点数小数点位数或字符串宽度	整数类型 B,c,d,o,x,X 浮点数类型 E,E,f,%

图6.3 模板字符串各参数的位置及功能

 说 明

序号：指定数据序号，即参数表中第几个数据，序号从 0 开始。如省略此选项，则根据参数表中数据的先后顺序自动分配。

填充：指定空白处填充的字符。

对齐：指定数据的对齐方式，具体的对齐方式见表 6.3。

符号：指定有无符号数，此参数的值及对应的含义见表 6.3。

宽度：指定输出数据时所占的宽度。

,(逗号)：作用于整数或浮点数时，以千分分隔符的形式输出，例如，1000000 会输出 1,000,000。

精度：指定浮点数保留的小数位数，或字符串的最大输出长度。

类型：指定输出数据的具体类型，见表 6.3。

表6.3 占位符中的各参数及含义

含义	参数	描述
对齐	<	数据左对齐
	>	数据右对齐
	=	数据右对齐，同时将符号放置在填充内容的最左侧，该选项只对数字类型有效
	^	数据居中，此选项需和 width 参数一起使用
符号	+	正数前加正号，负数前加负号
	-	正数前不加正号，负数前加负号
	空格	正数前加空格，负数前加负号
	#	对于二进制数、八进制数和十六进制数，使用此参数，各进制数前会分别显示 0b、0o、0x 前缀；反之则不显示前缀

续表

含义	参　数	描　述
类型	s	对字符串类型格式化
	d	十进制整数
	c	将十进制整数自动转换成对应的 Unicode 字符
	e 或者 E	转换成科学计数法后，再格式化输出
	g 或 G	自动在 e 和 f(或 E 和 F)中切换
	b	将十进制数自动转换成二进制数并表示，再格式化输出
	o	将十进制数自动转换成八进制数并表示，再格式化输出
	x 或者 X	将十进制数自动转换成十六进制数并表示，再格式化输出
	f 或者 F	转换为浮点数(默认小数点后保留 6 位)，再格式化输出
	%	显示百分比(默认显示小数点后 6 位)

例如下面代码。

```
>>> s='Hello World!'
>>> "{:30}".format(s)                  #显示 s 的宽度为 30，默认左对齐
'Hello World!                  '
>>> "{0:>30}".format(s)                #显示 s 的宽度为 30，右对齐
'                  Hello World!'
>>> "{0:*>30}".format(s)               #显示 s 的宽度为 30，右对齐，用*填充
'******************Hello World!'
>>> "{0:*^30}".format(s)               #显示 s 的宽度为 30，居中对齐，用*填充
'*********Hello World!*********'
>>> "{0:-^20}".format(1234567890)      #数据的宽度为 20，居中对齐，用-填充
'-----1234567890-----'
>>> "{0:-^20,}".format(123456.7890)    #数据的宽度为 20，居中对齐，千分符，用-填充
'----123,456.789-----'
>>> "{0:e},{0:E},{0:f},{0:%}".format(3.1415926)     #浮点数的几种表示
'3.141593e+00,3.141593E+00,3.141593,314.159260%'
>>>
```

【例 6.2】计算并输出斐波那契数列(Fibonacci sequence)前 n 项。

计算后的输出格式要求：项数 n 的宽度为 3 时居中对齐，数列值的宽度为 10 时右对齐。如图 6.4 所示。

图 6.4　数列的输出格式

```
#example6.2 斐波那契数列前 n 项
n=eval(input("请输入要计算的项数 n:"))
flist=[1,1]
print("斐波那契数列的前{:^3}项如下: ".format(n))
for i in range(2,n):                    #计算并存入列表
    fib=flist[i-1]+flist[i-2]
    flist.append(fib)                   #新项添加入列表
for i in range(n):                      #循环输出列表中的各项
    print("第{0:^3}项: {1:>10}".format(i+1,flist[i]))
```

> **说 明**

斐波那契数列，由意大利数学家莱昂纳多·斐波那契(Leonardo Fibonacci)以兔子繁殖为例子而引入，故称"兔子数列"，亦称黄金分割数列。它指的是这样一个数列：1、1、2、3、5、8、13、21、34、…。在数学上，斐波那契数列以递推的方法定义：$F(1)=1$，$F(2)=1$，$F(n)=F(n-1)+F(n-2)(n \geqslant 2, n \in N)$。

【例 6.3】 计算任意半径的圆的面积。先输入半径，然后计算圆的面积和所用时长并输出，要求输出面积为右对齐、宽度为 10 的浮点数且保留 2 位小数，时长为左对齐、宽度为 10 的浮点数且保留 6 位小数。

```
#example6.3
import time as t
r=eval(input("输入半径(厘米):"))
t1=t.time()                #开始计算的时间戳
s=3.1415926*r*r
print("圆的面积为:{:>10} 平方厘米".format(s))
t2=t.time()                #完成计算的时间戳
print("本次计算用时约为: {:<10.6f}秒".format(t2-t1))
```

程序运行结果如下。

```
>>>
===============RESTART: C:/Users/Desktop/example6.3.py ===============
输入半径(厘米):15.67
圆的面积为:    771.41 平方厘米
本次计算用时约为: 0.014990   秒
>>>
```

6.2 字符串的基本操作

6.2.1 字符串的索引与分片

1. 索引

字符串中的字符按位置进行了编号，也称为索引，使用时可以通过这个编号访问字符串中的特定字符。字符串的第一个字符的编号为 0，一个长度为 L 的字符串的最后一个字

符编号为 L-1。例如，可以通过下面的方式访问指定字符。

```
>>> str="God Wants To Check The Air Quality"
>>> str[0],str[1],str[19]
('G', 'o', 'T')
```

Python 允许根据索引反向访问字符串，此时字符串的编号从-1 开始。例如下面代码。

```
>>> str="God Wants To Check The Air Quality"
>>> str[-1],str[-13],str[-26]
('y', 'e', 's')
>>>
```

2. 分片

字符串的分片是指通过索引对字符串进行切片的操作。分片操作格式如下。

```
<字符串名>[i:j:k]
```

这里的 i 表示起始编号，j 表示结束编号，k 表示编号增加步长。注意，切片的位置不包含 j 位置上的字符。例如下面代码。

```
>>> str="God Wants To Check The Air Quality"
>>> str[0:8:2]              #将 str 字符串第 0、2、4、6 的位置进行切片
'GdWn'
```

在分片语句中，i、j、k 均可以省略。i 省略时，表示从 0 或-1 开始；j 省略时，表示到最后一个字符；k 省略时，表示步长为 1。例如下面代码。

```
>>> str="God Wants To Check The Air Quality"
>>> str[4:18]
'Wants To Check'
>>> str[::2]
'GdWnsT hc h i ult'
>>> str[27::]
'Quality'
>>> str1='1234567890'
>>> str1[-1::-1]
'0987654321'
>>>
```

【例6.4】查询英文月份缩写。

```
#example6.4 查询英文月份缩写
st='''一月 Jan 二月 Feb 三月 Mar 四月 Apr 五月 May 六月 Jun
七月 Jul 八月 Aug 九月 Sep 十月 Oct 十一 Nov 十二 Dec'''
mon=int(input('input a month:'))
n=(mon-1)*5
print('%s 的英文简称为：%s'%(st[n:n+2],st[n+2:n+5]))
```

程序的运行结果如下。

```
>>>
=============== RESTART:C:\Users\Desktop\example6.4.py ===============
```

```
input a month:6
六月的英文简称为：Jun
>>>
```

说 明

(1) 程序用来实现在字符串 st 中分片生成月份的英文缩写。

(2) st 中用固定格式顺序存放 12 个月的英文缩写形式。

(3) 为方便定位，将每个月份信息的长度固定为 5(三个英文两个汉字)。

(4) 通过表达式 n=(mon-1)*5 的计算，得到相应月份所在的起始位置。

(5) 分片 st[n:n+2]生成月份字符串，st[n+2:n+5]生成英文缩写字符串。

6.2.2 字符串的基本运算

Python 支持通过一些运算符实现几个字符串的基本运算，包括字符串的连接、判断子串、字符串的比较等。字符串的基本运算符如表 6.4 所示。

表 6.4 字符串的基本运算符及其功能

运 算 符	功　能
s1+s2	连接字符串 s1 和 s2
s1*n	生成由 n 个 s1 组成的字符串
s1 in s2	如果 s1 是 s2 的子串，返回 True，否则返回 False
>,<,==	比较字符串的 ASCII 码，多个字符时从左向右依次比较

字符串的运算实例如下。

```
>>> s1='Python 程序设计'
>>> s2='入门'
>>> n=2
>>> s1+s2
'Python 程序设计入门'
>>> s1*n
'Python 程序设计 Python 程序设计'
>>> s2 in s1
False
>>> 'a'>'A'                    #单个字符的 ASCII 码值的比较，a 为 97，A 为 65
True
>>> 'this is a test'>'this is '#多个字符的比较，从左向右依次比较
True
>>>
```

6.3 字符串函数与方法

6.3.1 字符串运算函数

除了字符串运算符，Python 还支持一些字符串运算函数。常用的几个字符串的运算函

数如表 6.5 所示。

表 6.5　字符串运算函数及其功能

函 数 名	功　　能
len(s)	返回集合长度
chr(x)	返回整数 x 对应的 ASCII 码
ord(s)	返回一个字符的 ASCII 码
str(x)	将数字转换为字符串

如下面代码。

```
>>> len('Python 程序设计')
11
>>> print(ord('a'),ord('A'))
97 65
>>> print(chr(66),chr(98))
B b
>>> '10'+str(3.1415926)
'103.1415926'
>>>
```

【例 6.5】密码的隐藏加密。给定一个由 26 个特殊符号组成的密文字符集 st0，密码加密规则是，将原密码中的字母转换为密文字符集中相应的符号，字母不区分大小写，除字母外的其他字符保持不变。例如，"A"=> "♠"和"b"=> "♡"。

```
#example6.5 密码隐藏加密
st0='♠♡◇♣♥♦♧♨♩♪♫♭♮♯♰♱♲♳♴♵♶¢£¤¥'
print("这里是密文字符集 : ",st0)
st1=input("输入原密码: ")
snew=""
for s in st1:
    if 97<=ord(s)<=122:
        snew=snew+st0[ord(s)-97]
    elif 65<=ord(s)<=90:
        snew=snew+st0[ord(s)-65]
    else:
        snew=snew+s
print("加密后的密码为: {:<}".format(snew))
```

程序运行结果如下。

这里是密文字符集 : ♠♡◇♣♠♥♦♧♨♩♪♫♭♮♯♰♱♲♳♴♵♶¢£¤¥

输入原密码: python521

加密后的密码为: ♴♯♲♧♩♵521

说明

在 ASCII 字符集中，"a"的编码为 97，"A"的编码为 65，也就是说，小写 26 个字母的编码范围是[97,122]，大写 26 个字母的编码范围是[65,90]。

6.3.2 字符串运算方法

Python 是面向对象的程序设计语言，Python 中的所有数据类型都是一个类。类的方法就是封闭在类中的函数，与内置的功能相似，但是调用方法不同。字符串对象具有一些常用方法，这些方法可以完成相应的运算。调用字符串方法的格式如下。

```
<字符串名>.<方法名>(<参数>)
```

字符串常用方法如表 6.6 所示。

表 6.6　字符串常用方法及其功能

方 法 名	功 能
s.lower()	将字符串全部转换为小写字母
s.upper()	将字符串全部转换为大写字母
s.capitalize()	将字符串的首字母转换为大写
s.title()	将字符串中每个单词的首字符转换为大写
s.replace(old,new[,count])	将 s 中的 old 字符串替换为 new，count 为替换的次数
s.split([sep,[maxsplit]])	以 sep 为分隔符将 s 拆分为一个列表，默认分隔符为空格，maxsplit 表示拆分的次数，默认为-1，表示无限制
s.find(s1[,start,[end]])	返回 s1 在 s 中出现的位置。如果没有出现返回-1
s.count(s1[,start,[end]]	返回 s1 在 s 中出现的次数
s.isalnum()	判断 s 是否为全字母和数字，且至少一个字符
s.isalpha()	判断 s 是否为全字母，且至少一个字符
s.isupper()	判断 s 是否为全大写字母
s.islower()	判断 s 是否为全小写字母
s.join(seq)	返回用 s 中字符连接的序列 seq 中元素生成的新字符串

字符串大小写转换方法的实例如下。

```
>>> s='this is a test!'
>>> s.upper()
'THIS IS A TEST!'
>>> s.capitalize ()
'This is a test!'
>>> s.title()
'This Is A Test!'
>>>
```

字符串拆分方法的实例如下。

```
>>> s='this is a test!'
>>> s.split()                    #将字符串以空格为分隔符拆分
['this', 'is', 'a', 'test!']
>>> s.split(sep=' ',maxsplit=1)  #将字符串以空格为分隔符拆分 1 次
['this', 'is a test!']
>>>
```

字符串替换和查找方法的实例如下。

```
>>> s='this is a test!'
>>> s.find('t')              #查找字母 t 在字符串 s 中第一次出现的位置
0
>>> s.count('t')             #查找字母 t 在字符串 s 中出现的次数
3
>>> s.replace('t','T',2)     #将字符串的 t 替换为 T,替换 2 次
'This is a Test!'
>>>
```

【例 6.6】将原文中所有"t"开头的单词,替换为全大写的形式,其他单词不变。

```
#example6.6
passage='Do not trouble trouble till trouble troubles you.'
print('要转换的原文:{:<}\n'.format(passage))
word0=passage.split()
word1=[]
for w in word0:
    if w[0]=='t' or w[0]=='T':
        w=w.upper()
    word1.append(w)
passnew=" ".join(word1)
print('转换后的结果:{:<}'.format(passnew))
```

程序的运行结果如下。

```
>>>
======= RESTART: C:\Users\Desktop\ example6.6.py =======
要转换的原文:Do not trouble trouble till trouble troubles you.

转换后的结果:Do not TROUBLE TROUBLE TILL TROUBLE TROUBLES you.
>>>
```

【例 6.7】英文词频统计。统计给定原文中每个单词出现的次数。

```
#example6.7
passage='Do not trouble trouble till trouble troubles you.'
print("统计原文:{:<}".format(passage))
pass1=passage.lower()            #字符串预处理
wlist=pass1.split()              #字符串拆分
counts={}                        #词频统计存入字典
for w in wlist:
    counts[w]=counts.get(w,0)+1
print("统计结果:\n",counts)       #显示结果
```

程序的运行结果如下。

```
>>>
===== RESTART: C:\Users\Desktop\example6.7.py ===========
统计原文:Do not trouble trouble till trouble troubles you.
统计结果:
 {'do': 1, 'not': 1, 'trouble': 3, 'till': 1, 'troubles': 1, 'you.': 1}
>>>
```

说 明

英文词频统计的一般步骤如下。

(1) 获取字符串：通过赋值或文件读取的方式获取原字符串。

(2) 字符串预处理：将可能影响统计结果的内容进行预处理，如标点、大小写状态等。

(3) 字符串拆分：用运算 split 方法将字符串拆分为单词列表。

(4) 词频统计：遍历单词列表，并利用字典进行统计。

(5) 显示结果：将字典中的统计结果，整理后显示输出。

6.4　中文分词模块 jieba

6.4.1　jieba 库概述

中文分词(Chinese Word Segmentatio)是中文自然语言处理的一个非常重要的组成部分，在学界和工业界都有比较长时间的研究历史。自然语言处理(Natural Language Processing，NLP)是计算机科学领域及人工智能领域的一个重要研究方向，其目的是让计算机能够处理、理解及运用人类语言，以实现人和计算机之间的有效通信。也就是说，NLP 相当于是存在于机器语言和人类语言之间的翻译，通过搭建沟通的桥梁，借以实现人机交流的目的。

由于国际上常用的 NLP 算法、深层次的语法语义分析通常都是以词作为基本单位，因此，中文自然语言处理的任务也就多了一个预处理的过程，该过程把连续的汉字分隔成更具有语言语义学上意义的词，也就是分词的过程。中文分词指的是将一个汉字序列切分成单独的词的过程。我们知道，在英文的行文中，单词之间是以空格作为自然分界符的，而中文的词没有形式上的分界符，因此中文分词比英文要复杂得多、困难得多。

jieba 模块是 Python 中优秀的中文分词第三方库，它具有强大的中文分词功能。jieba 库的分词原理是利用一个中文词库，确定汉字之间的关联概率，汉字间概率大的组成词组，形成分词结果。除了进行分词，用户还可以通过 jieba 的函数方法添加自定义的词组。

jieba 作为第三方模块，首先必须使用 pip 命令安装后才能使用，具体命令如下。

```
:\>pip install jieba
```

jieba 模块支持以下 3 种分词模式。

(1) 精确模式，试图将句子最精确地切开，适合文本分析。经过切分的中文单词经过组合，可以精确地还原为之前的文本，不存在冗余单词。

(2) 全模式，把句子中所有的可以成词的词语都扫描出来，速度非常快，但是不能解决歧义。分词后的单词组合起来会有冗余，不再是原来的文本。

(3) 搜索引擎模式，在精确模式的基础上，对长词再次切分，适合搜索引擎对短词语的索引和搜索，也存在冗余。

除此之外，jieba 还支持繁体字分词和自定义词典。jieba 包含的主要函数如表 6.7 所示。

表 6.7　jieba 库的主要函数

函 数 名	功　　能
jieba.cut(s)	精确模式，将文本 s 精确分词后，返回可迭代类型
jieba.lcut(s)	精确模式，将文本 s 精确分词后，返回列表类型
jieba.cut(s,cut_all=True)	全模式，将文本 s 拆分为所有可能成词的词语，返回可迭代类型
jieba.lcut(s,cut_all=True)	全模式，将文本 s 拆分为所有可能成词的词语，返回列表类型
jieba.cut_for_search(s)	搜索引擎模式，适合搜索引擎建立索引的分词结果，返回可迭代类型
jieba.lcut_for_search(s)	搜索引擎模式，适合搜索引擎建立索引的分词结果，返回一个列表类型
jieba.add_word(w)	向分词词典中增加新词 w

三种模式分词的使用方法如下。

```
>>> s='学而不思则罔思而不学则殆'
>>> jieba.lcut(s)
['学而不思', '则', '罔', '思而', '不学则', '殆']
>>> jieba.lcut(s,cut_all=True)
['学而不思', '则', '罔', '思', '而', '不学', '则', '殆']
>>> jieba.lcut_for_search(s)
['学而不思', '则', '罔', '思而', '不学', '不学则', '殆']
>>>
```

利用函数向词典中增加新词的方法如下。

```
>>> jieba.add_word("思而不学")
>>> jieba.lcut(s)
['学而不思', '则', '罔', '思而不学', '则', '殆']
>>> jieba.lcut(s,cut_all=True)
['学而不思', '则', '罔', '思而不学', '不学', '则', '殆']
>>> jieba.lcut_for_search(s)
['学而不思', '则', '罔', '不学', '思而不学', '则', '殆']
>>>
```

说明

（1）无论是哪种模式，cut()函数与 lcut()函数分词的结果是相同的，区别是返回值的类型不同。由于 lcut()函数返回的列表类型比较灵活，因此经常被使用。

（2）精确模式的结果是完整的，而且没有冗余；全模式返回的结果包含所有可能的中文词语，比较全面，但冗余也最大；搜索引擎模式先执行精确模式，然后再对结果中的长词进一步切分。

6.4.2　中文分词与统计分析

随着互联网的普及，海量信息不断涌现，其中大量信息存在的形式是文本、图片、视频等，这些都属于非结构化数据。其中，文本信息的数量又是最多的，而且绝大部分都属于自然语言，因此分析和利用这些文本信息就成为人工智能领域的一个重要研究方向。自然语言处理是人工智能领域中的关键技术，它的应用领域包括信息提取、智能问答、机器翻译、文本挖掘、舆论分析、知识图谱等，并将在科技创新过程中发挥越来越重要的作用。这其中的中文信息的分析和处理尤为重要，且更加复杂。下面以一个中文词频统计案例来说明使用 jieba 库进行简单分词和统计的过程。

中文词频统计的一般步骤可以归纳如下。

第一步，获取文本。通过字符串赋值或文件读取获取字符串。

第二步，分词处理。将文本拆分并存入相应的数据结构中，如列表等。

第三步，词频统计。遍历数据结构，逐词统计出现次数，存入数据结构，如字典等。

第四步，加工优化。对统计数据筛选或加工，删除无效数据，如副词、连词和标点等。

第五步，输出显示。按条件对统计结果进行分析，并输出显示。

【例 6.8】统计《红楼梦》中出场次数最多的前 10 位人物。

```python
#example6.8
import jieba
txt = open("红楼梦.txt", "r",encoding='utf-8').read()
words = jieba.lcut(txt)                      #精确分词，返回一个列表
counts = {}                                  #用字典类型存储人物及出现的次数
for word in words:
    if len(word) != 1:                       #不统计单个汉字的词汇
        counts[word] = counts.get(word,0) + 1
listitem = list(counts.items())              #将字典转换为列表
#按列表中每个元组第二个元素的值(人数)降序排序
listitem.sort(key=lambda x:x[1], reverse=True)
print("{0:<10}{1:>8}".format("人物","出场次数"))
for i in range(10):                          #输出排序后的列表前10项
    word, count = listitem[i]
    print ("{0:-<10}{1:->10}".format(word, count))
```

程序运行结果如下。

```
>>>
=======RESTART:C:\Python\example6.8.py=================
Building prefix dict from the default dictionary ...
Loading model from cache C:\Users\LLQ\AppData\Local\Temp\jieba.cache
Loading model cost 0.740 seconds.
Prefix dict has been built successfully.
人物            出场次数
宝玉--------------3687
什么--------------1590
一个--------------1415
我们--------------1205
贾母--------------1204
那里--------------1170
凤姐--------------1096
王夫人------------1007
如今--------------991
你们--------------988

>>>
```

（1）通过观察发现，例 6.8 的程序对文件中的所有词汇进行了词频统计，其中包括众多的与人物出场无关的词汇（介词、代词、副词等）。因此需要对统计结果进行再处理，以去除其中的干扰数据。

（2）根据对例 6.8 结果的分析，建立排除词库，反复运行逐步添加，修改后的程序代码如例 6.8-1 所示。

【例 6.8-1】 对例 6.8 进行优化。

```
#example6.8-1
import jieba
txt = open("红楼梦.txt", "r",encoding='utf-8').read()
#分词并统计
words  = jieba.lcut(txt)                      #精确分词，返回一个列表
counts = {}                                   #用字典类型存储人物及出现的次数
for word in words:
    if len(word) != 1:                        #不统计单个汉字的词汇
        counts[word] = counts.get(word,0) + 1
#建立排除词库，删除与人名无关的词汇
excludes = {"什么","一个","我们","你们","他们","那里","这里",\
            "如今","说道","知道","众人","出来","起来","奶奶",\
            "一面","自己","只见","没有","怎么","不知","不是",\
            "这个","听见","这样","进来","两个","告诉","就是",\
            "东西","咱们","回来"}
for word in excludes:
    del(counts[word])
#将字典转换为列表，按人数降序排序
listitem = list(counts.items())
listitem.sort(key=lambda x:x[1], reverse=True)
#输出排序后的列表前 10 项
print("{0:<10}{1:>8}".format("人物","出场次数"))
for i in range(10):
    word, count = listitem[i]
    print ("{0:-<10}{1:->10}".format(word, count))
```

程序运行结果如下。

```
>>>
==================RESTART:C:\Python\example6.8-1.py==================
Building prefix dict from the default dictionary ...
Loading model from cache C:\Users\LLQ\AppData\Local\Temp\jieba.cache
Loading model cost 0.733 seconds.
Prefix dict has been built successfully.
人物            出场次数
宝玉--------------3687
贾母--------------1204
凤姐--------------1096
王夫人------------1007
```

```
老太太--------------961
姑娘--------------928
太太--------------820
贾琏--------------667
平儿--------------589
袭人--------------571
>>>
```

说明

(1) 在原著小说中，"贾母"与"老太太"，以及"王夫人"与"太太"应为同一个人物。观察例 6.8-1 运行结果，发现需要将这一类人物的数据进行合并。

(2) 《红楼梦》中两个非常重要的人物"黛玉"和"宝钗"没有在结果中出现，似乎不合常理。经过分析发现有两个原因：一是，小说中对"林黛玉"的称谓有多种，如"黛玉""林妹妹"和"林姑娘"等，因此显示的结果不完整。二是，经过对 jieba 库现有分词词典进行查找分析，发现部分人物的称谓在词典中不存在，造成分词不够准确，影响了统计结果。如"宝姐姐""李纨"等称谓，可以将以上称谓添加到 jieba 的词典中。

小贴士

如何查看 jieba 库的分词词典？

jieba 分词词典一般存放在下面的目录位置(以 Python 3.5.X 为例)。

C:\Users\Administrator\AppData\Local\Programs\Python\Python35\Lib\jieba

目录下的 dict.txt 文件即为 jieba 的词典文件，可以使用记事本程序查看该词典。

如果想要添加自定义词典，例如添加 dict1.txt，可以将此文件放入 dict.txt 的同一个目录下，每次使用时调用方法 jieba.load_userdict 来加载该自定义词典，使用的语句如下。

jieba.load_userdict("C:/Users/Administrator/AppData/Local/Programs/Python/Python35/Lib/jieba/dict1.txt")

需要注意的是，自定义词典文件必须为 utf-8 编码。如果出现编码问题，可以将 dict1.txt 文件在 Windows 记事本程序中另存为 utf-8 编码格式。

修改后的程序如例 6.8-2 所示。

【例 6.8-2】对例 6.8-1 再次进行优化。

```
#example6.8-2
import jieba
txt = open("红楼梦.txt", "r",encoding='utf-8').read()
#添加自定义词典
add = ["宝姐姐","李纨","二奶奶"]
for i in add:              #将人物添加到jieba词典
    jieba.add_word(i)
#分词并统计
words = jieba.lcut(txt)                     #精确分词，返回一个列表
counts = {}                                 #用字典类型存储人物及出现的次数
for word in words:
    if len(word) != 1:                      #不统计单个汉字的词汇
```

```
        #几个重要人物称谓的整合
        if word in ["林妹妹","林姑娘","黛玉"]:word="林黛玉"
        if word in ["宝姑娘","宝姐姐","宝钗"]:word="薛宝钗"
        if word in ["二奶奶","琏二奶奶","凤姐","凤姐儿"]:word="王熙凤"
        if word in ["宝玉","宝二爷"]:word="贾宝玉"
        if word in ["老太太","老祖宗"]:word="贾母"
        if word in ["太太"]:word="王夫人"
        counts[word] = counts.get(word,0) + 1
#建立排除词库，删除与人名无关的词汇
excludes = {"什么","一个","我们","你们","他们","那里","这里",\
        "如今","说道","知道","众人","出来","起来","奶奶",\
        "一面","自己","只见","没有","怎么","不知","不是",\
        "这个","听见","这样","进来","两个","告诉","就是",\
        "东西","咱们","回来"}
for word in excludes:
    del(counts[word])
#将字典转换为列表，按人数降序排序
listitem = list(counts.items())          #将字典转换为列表
listitem.sort(key=lambda x:x[1], reverse=True)
#输出排序后的列表前10项
print("{0:<10}{1:>8}".format("人物","出场次数"))
for i in range(50):
    word, count = listitem[i]
    print ("{0:-<10}{1:->10}".format(word, count))
```

程序运行结果如下。

```
>>>
==================RESTART:C:\Python\example6.8-
2.py==================
Building prefix dict from the default dictionary ...
Loading model from cache C:\Users\LLQ\AppData\Local\Temp\jieba.cache
Loading model cost 0.739 seconds.
Prefix dict has been built successfully.
人物          出场次数
贾宝玉-------------3798
贾母-------------2244
王夫人------------1827
王熙凤------------1784
林黛玉------------1027
姑娘--------------928
贾琏-------------667
薛宝钗------------662
平儿-------------589
袭人-------------571
>>>
```

 说明

　　虽然程序经过优化后统计出了小说中出现频率较高的前 10 个人物，但是数据仍然存在诸多不准确的地方，如，类似"姑娘""老爷"这样的称谓，如果不分析上下文就无法进行准确的统计。因此，本程序的统计结果仅供练习使用，代码还需要进一步优化和完善。

6.5 正则表达式

正则表达式(Regular Expression)描述了一种字符串匹配的模式，用来检查一个字符串是否含有某种子串、将匹配的子串做替换或者从某个串中取出符合某个条件的子串等。正则表达式是由普通字符(例如字符 a 到 z)及特殊字符(称为元字符)组成的文字模式。正则表达式作为一个模板，将某个字符模式与所搜索的字符串进行匹配。

Python 中的常用元字符及其含义如表 6.8 所示。

表 6.8 常用元字符及其含义

元字符	描 述
.	匹配除换行符以外的任意一个字符
?	重复匹配?前面字符 0 次或 1 次
*	重复匹配*前面字符 0 次或多次
+	重复匹配+前面字符 1 次或多次
|	匹配|前面或后面字符
^	匹配以^后面字符开头的字符串
$	匹配以$前面字符结尾的字符串
\	表示一个转义字符
[]	匹配[]内的任意一个字符，如[ab]c 匹配"ac", "bc"
[^]	匹配不在[]中的任意一个字符，如[^ab]c 匹配除 a,b 之外的字符与 c 的组合
{n,m}	重复匹配 n-m 次，如{n,}重复 n 次或多次，{n}表示重复 n 次
\w	匹配字母数字下划线，等价于[a-zA-Z0-9_]
\W	匹配非字母数字下划线
\s	匹配任意空白字符，等价于 [\t\n\r\f]
\S	匹配任意非空字符
\d	匹配任意数字，等价于[0-9]
\D	匹配任意非数字
\b	匹配一个单词边界，指单词的词首和词尾。如'er\b' 可以匹配"never" 中的 'er'，但不能匹配"verb" 中的 'er'
\B	匹配非单词边界。如'er\B'匹配 "verb" 中的 'er'，但不能匹配 "never" 中的 'er'

1. 正则表达式实例

国内电话号码："024-86[0-9]{6}"，沈阳地区以 024-86 开头的电话号码，如 024-86456789。

国内邮政编号："[1]{2}[0-9]{4}"，辽宁省内的邮政编码(以"11"开头)，如 110030。

身份证号码："\d{15}|\d{18}"，任意 15 位或 18 位的号码。

网站格式："(http://)?(www\.)?synu\.edu\.cn"，沈阳师范大学的官网。可匹配的网址有：http://www.synu.edu.cn，www.synu.edu.cn，http://synu.edu.cn，synu.edu.cn。

特定格式字符串：'^[a-zA-Z]{1}([a-zA-Z0-9_]){4,19}$'，匹配必须以字母开头，由字母、数字、下划线组成的长度为 5～20 的字符串。

邮件地址：'^\w+@(\w+\.)+\w+$'，可匹配合法电子邮件地址。

IP 地址：'^\d{1,3}\.\d{1,3}\.\d{1,3}\.\d{1,3}$'，可匹配合法的 IP 地址。

2. 使用正则表达式的方法

1) 直接使用 re 模块

Python 中的正则表达式可以通过 re 模块来使用，re 模块可以检查所给的字符串是否与指定的正则表达式相匹配，它支持多种字符串的运算函数。

【例 6.9】re 模块使用正则表达式。

```
#example 6.9
import re
s='Do not trouble trouble till trouble troubles you.'
r='t[a-zA-Z]+'
print(re.match(r,s))        #在 s 开始位置匹配正则表达式
print(re.search(r,s))       #在 s 任意位置匹配正则表达式
print(re.findall(r,s))      #以列表形式返回 s 中全部匹配字符串
```

程序运行后，匹配的结果如下。

```
>>>
============== RESTART: C:/Users/ Python /example6.9.py ==============
None
<_sre.SRE_Match object; span=(7, 14), match='trouble'>
['trouble', 'trouble', 'till', 'trouble', 'troubles']
>>>
```

2) 使用正则表达式对象

先使用 re 模块的 compile() 方法将正则表达式编译生成正则表达式对象，然后再使用正则表达式对象的方法进行字符串处理。使用编译后的正则表达式对象不仅可以提高字符串处理速度，还具有更加强大的字符串处理功能。

【例 6.10】使用正则表达式对象。

```
#example 6.10
import re
s='Do not trouble trouble till trouble troubles you.'
r=re.compile('t[a-zA-Z]+')
print(r.findall(s))        #以列表形式返回 s 中全部匹配字符串
print(r.sub('tell',s))     #替换匹配字符串
```

程序运行后，匹配的结果如下。

```
>>>
============== RESTART: C:/Users/ Python /example6.10.py ==============
```

```
['trouble', 'trouble', 'till', 'trouble', 'troubles']
Do not tell tell tell tell tell you.
>>>
```

【例 6.11】使用正则表达式对象的方法 split()。

```
#example6.11
import re
s='210.30.208.7'
r=re.compile('\.')
print(r.split(s))          #按正则表达式分割字符串
print(r.split(s,1))        #按正则表达式分割字符串，分割次数为1
```

程序运行后，匹配的结果如下。

```
>>>
=========== RESTART: C:/Users/ Python /example6.11.py ============
['210', '30', '208', '7']
['210', '30.208.7']
>>>
```

习　题

一、填空题

1. 表达式 len('Python 程序设计')的值为_____。

2. 已知 x ='I love Python! '，则表达式 x[7:] + x[:7] 的值为_____。

3. 已知 x ='I love Python! '，表达式 'love' in x 的值为_____。

4. 已知 x ='I love Python! '，表达式 'python' in x 的值为_____。

5. 表达式 chr(ord('A')+5) 的值为___。

6. 表达式 'Hello Python!'.find('Python')的值为_____。

7. 表达式 'Hello Python!'.count('h') 的值为_____。

8. 表达式 'Hello Python!'.find('p') 的值为_____。

9. 表达式 'Hello Python!'.find('Py')的值为_____。

10. 表达式 'www.cctv.com'.split('.') 的值为_____。

11. 表达式 'Hello world!'.upper() 的值为_____。

12. 已知 x = 'a234b123c'，并且 re 模块已导入，则表达式 re.split('\d+', x) 的值为_____。

13. st= 'Hello Python!'，表达式 st[-5]的值为_____。

14. st= 'Hello Python!'，表达式 st[-4::1]的值为_____。

15. st='Hello Python,Hello World!'，表达式 st.replace('Hello','Love')的值为_____。

16. st='Hello Python,Hello World!'，表达式 st.replace('Hello','Love',1)的值为_____。

17. 正则表达式元字符___表示重复匹配前面字符 1 次或多次。

18. 正则表达式元字符___表示匹配任意数字。

19. 正则表达式元字符＿＿＿用来表示匹配字母数字下划线。

20. 模块 re 的＿＿＿＿＿方法用来编译正则表达式对象。

21. 模块 re 的＿＿＿＿＿方法用来在字符串开始处进行匹配。

22. 模块 re 的＿＿＿＿＿方法可以以列表形式返回全部匹配字符串。

23. 表达式 re.split(':\/+', 'http://www.cctv.com')的值为＿＿＿＿＿。

24. 假设 re 模块已导入，那么表达式 re.findall('\d{1,3}','210.30.208.7')的值为＿＿＿＿＿。

25. 表达式 'Hello world!'.count('o')的值为＿＿＿＿＿。

二、判断题

1. 转义字符"\n"的含义是换行符。　　　　　　　　　　　　　　　　　　（　　）

2. 正则表达式 search()方法是在整个字符串中寻找模式，匹配成功则返回对象，匹配失败则返回空值 None。　　　　　　　　　　　　　　　　　　　　　　　（　　）

3. 字符串方法 s.isalnum()，判断 s 是否为全数字，且至少一个字符。　　（　　）

4. 正则表达式元字符"^"用来表示从字符串开始处进行匹配，而"[^]"表示反向匹配，不匹配方括号中的字符。　　　　　　　　　　　　　　　　　　　　　（　　）

5. 正则表达式元字符"\s"用来匹配任意空白字符。　　　　　　　　　　　（　　）

6. 正则表达式元字符"\D"用来匹配任意数字字符。　　　　　　　　　　　（　　）

获取本章教学课件，请扫右侧二维码。

第 6 章 字符串与正则表达式.pptx

第7章 自定义函数和模块

7.1 函数的定义

7.1.mp4

在高级语言中将可以被重复使用的，用来实现单一或相关联功能的代码段进行封装、组织在一起，形成一个独立的程序单位，这样的程序单位称为函数，该程序单位的名称为函数名。在程序开发过程中使用函数可以提高代码的模块化率和重复利用率。

Python 的函数分为内置函数、标准库函数、第三方库函数和用户自定义函数。前面我们已经学习了前三种函数，为了实现对各种复杂情况下的个性化代码的复用，Python 可以由用户建立自定义函数。

在 Python 中，定义函数的语法如下。

```
def <函数名>([参数列表]):
        <函数体>
[return <表达式列表>]
```

 说 明

(1) def: 定义函数的关键字，后面接函数名、圆括号和冒号，函数声明以冒号结束。

(2) 函数名: 函数的名称，由用户定义的任何有效的标识符。

(3) 函数体: 在函数定义的缩进部分，描述函数的功能。函数体中的代码段在函数被调用时执行。

(4) 参数列表: 放在函数名后面的圆括号内，多个参数间用","分隔。在定义函数时，函数体内参数没有确定的值，只有在调用函数时才向函数传递值，因此参数列表中的参数被称为形式参数，简称"形参"。在调用该函数时，通过写在调用函数括号内部的具体参数向形参传递相应的值，这时候括号内部的参数被称为实际参数，简称"实参"。

(5) return: 用于结束函数，return 后面的值就是函数的返回值，将返回值传递给调用的语句，不带表达式的 return 返回值为 None。

【例 7.1】函数的定义。

```
#example7.1
def MyFun():                    #定义函数 MyFun()
```

```
    print("这里是函数的开始")
    print("函数被调用了")
    print("这里是函数的结束")
print("这里是主程序，调用函数的地方")
MyFun()                          #调用函数 MyFun()
print("这里是主程序的结束")
```

程序运行结果如下。

```
>>>
====================RESTART:C:\Python\example7.1.py====================
这里是主程序，调用函数的地方
这里是函数的开始
函数被调用了
这里是函数的结束
这里是主程序的结束
>>>
```

说 明

(1) 例 7.1 中的语句 def MyFun()，用来定义一个函数，函数名为 MyFun。注意区分字母大小写，函数名后面的括号不可省略。

(2) 在例 7.1 主程序中的语句 MyFun()，用来调用函数，函数名后面也必须有括号，调用函数的过程就是执行函数中语句的过程。

(3) 例 7.1 中的自定义函数无参数无返回值。主程序调用函数及函数返回主程序的过程如图 7.1 所示。

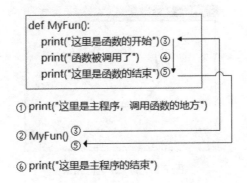

图 7.1　主程序调用函数及函数返回的过程

7.2　函数的调用

在 Python 中，函数调用要在函数定义之后进行，具体格式如下。

```
<函数名>(<参数列表>)
```

说 明

(1) 函数名: 用 def 语句定义的函数名。

(2) 参数列表: 参数必须有确定的值, 称为实际参数, 简称"实参", 多个参数之间用","分隔。实参可以是常量、变量或者表达式。在调用函数时, 将以参数传递的形式传递给函数中的形参。

(3) 在使用函数时, 要求先定义函数, 然后才可以调用。

【例 7.2】设计绘制任意多边形的函数。

```
#example7.2
def fun(x):
    for i in range(x):
        fd(50)
        left(360/x)
from turtle import *
pensize(3)
pencolor("red")
a=eval(input("请输入边数:"))
fun(a)
```

程序运行结果如下面代码和图 7.2 所示。

```
>>>
====================RESTART:C:\Python\example7.2.py====================
请输入边数: 7
```

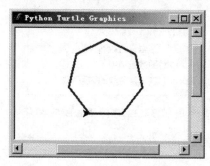

图 7.2 例 7.2 运行结果

说 明

(1) 例 7.2 中的函数 fun(x)的功能是绘制任意正多边形。

(2) 例 7.2 中的 def fun(x)语句中的参数 x 是形式参数(形参)。

(3) 程序运行后, 在例 7.2 主程序中, 输入边数值为 7 并赋值给实参 a, 调用函数fun(a)时, 将实参 a 的值传递给形参 x, 绘制正七边形。

【例 7.3】绘制空心或实心正多边形。

```
#example7.3
def fun(x,y):
```

```
        if b=="1":
            for i in range(x):
                fd(50)
                left(360/x)
        else:
            fillcolor("red")
            begin_fill()
            for i in range(x):
                fd(50)
                left(360/x)
            end_fill()
from turtle import *
pensize(3)
pencolor("red")
a=eval(input("请输入边数:"))
b=input("请选择样式：1-空心，2-实心:")
fun(a,b)
```

运行程序结果如下面代码和图 7.3 所示。

```
请输入边数:7
请选择样式：1-空心，2-实心:2
```

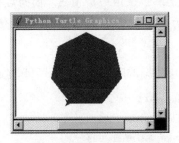

图 7.3   例 7.3 运行结果

7.3   函数的参数传递

7.3.1   参数传递的方式

Python 中主程序调用函数时，调用函数与被调用函数之间会有数据传递。实参的值传递给形参，实际上是将实参所指向的对象的地址传递给了形参。因此，如果传递的对象是不可变对象，如数值、字符、元组等，则在函数体中形参值的变化不会影响实参。如果传递的对象是可变对象，如列表、字典等，则在函数中可变对象值的变化会影响实参。

【例 7.4】传递不可变对象，形参的变化不会影响实参。

```
#example7.4
def add(x):
    print("形参 x 的初始值是：",x)
    x+=1
    print("形参 x 的最终值是：",x)
```

```
y=4
print("实参 y 的初始值是: ",y)
add(y)
print("实参 y 的最终值是: ",y)
```

程序运行结果如下。

```
>>>
====================RESTART:C:\Python\example7.4.py====================
=
实参 y 的初始值是:    4
形参 x 的初始值是:    4
形参 x 的最终值是:    5
实参 y 的最终值是:    4
>>>
```

说 明

(1) 例 7.4 的主程序中定义了一个变量 y，初值为 4，即 y 指向数值 4。

(2) 例 7.4 的主程序中调用 add()函数，变量 y 作为实参传递给形参 x，此时 x 也指向数值 4。

(3) 在例 7.4 的函数体内，给 x 赋值为数值 5，因为数值是不可变对象，所以 x 指向了新的对象数值 5；此时，作为实参的变量 y，仍然指向数值 4，即 y 的值不变，仍然为数值 4。

在参数传递过程中，变量与数据的映射关系如图 7.4 所示。

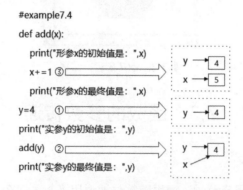

图 7.4 例 7.4 中参数传递的过程

【**例 7.5**】可变对象列表作为形参，形参的变化会影响实参。

```
#example7.5
def change(n):
    n.append(3)
    print('函数中 n 值: ',n)
m=[1]
print('调用函数前 m 的值: ',m)
change(m)
print('调用函数后 m 的值: ',m)
```

程序运行结果如下。

```
>>>
==================RESTART:C:\Python\example7.5.py==================
调用函数前 m 的值：[1]
函数中 n 值：[1, 3]
调用函数后 m 的值：[1, 3]
>>>
```

说明

(1) 例 7.5 主程序中定义变量 m 为一个列表，即 m 指向列表[1]。

(2) 例 7.5 主程序中调用 change()函数，变量 m 作为实参传递给形参 n，此时 m 和 n 都指向列表[1]。

(3) 在例 7.5 函数体内，给形参 n 执行 append 操作，因为列表是可变对象，所以该操作直接作用在原来的列表上，原列表变为[1,3]，此时并不会生成新的对象，m 和 n 都指向列表[1,3]。

【例 7.6】可变对象字典作为形参，形参的变化会影响实参。

```
#example7.6
def change(x):
    x['院系']='法学院'
    x['专业']='法学'
a={'学号':'20024011','姓名':'杨晓霏','院系':'管理学院','专业':'行政管理'}
print(a)
change(a)
print(a)
```

程序运行结果如下。

```
>>>
==================RESTART:C:\Python\example7.6.py==================
{'学号': '20024011', '姓名': '杨晓霏', '院系': '管理学院', '专业': '行政管理'}
{'学号': '20024011', '姓名': '杨晓霏', '院系': '法学院', '专业': '法学'}
>>>
```

说明

(1) 例 7.6 调用函数 change()时，字典变量 a 作为实参传递给形参 d，因为字典变量是可变对象，形参的变化会直接影响实参。

(2) 例 7.6 调用函数 change()后，院系、专业被重新赋值，字典变量 a 中相应的值也同时发生改变，与形参 x 指向同一个值。

7.3.2 位置参数和关键字参数

1. 位置参数

在默认情况下，Python 要求调用函数时参数的个数、位置和顺序要与函数定义中的一致，这种参数也被称为位置参数。

【例 7.7】位置参数的使用。

```
#example7.7
import turtle
def star(a,b,c):
    turtle.color(a,b)
    turtle.begin_fill()
    for i in range(5):
        turtle.forward(c)
        turtle.left(144)    # 顶角为 180-angle,角度为正时,沿前进方向逆时针转,为负
时,顺时针转
    turtle.end_fill()
star("red","blue",180)       #绘制一个红边蓝色填充，长为 180 的五角星
star("black","yellow",150)   #绘制一个黑边黄色填充，长为 150 的五角星
star("pink","purple",100)    #绘制一个粉边紫色填充，长为 100 的五角星
turtle.hideturtle()
```

程序运行结果如图 7.5 所示。

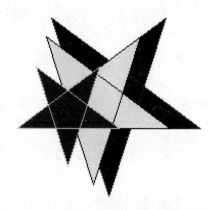

图 7.5　程序运行结果

 说 明

例 7.7 调用函数 star()时，实参的值按照形参的位置一一对应地传递给形参，所以调用时输入的实参值不同，得到的结果也不同。

【例 7.8】修改例 7.7 中的函数调用语句，查看程序运行结果。

(1)　调用 star()函数时，实参数量少于形参数量。

```
#example7.8-a
import turtle
def star(a,b,c):
    turtle.color(a,b)
    turtle.begin_fill()
    for i in range(5):
        turtle.forward(c)
        turtle.left(144)
```

```
    turtle.end_fill()
star("red","blue")
turtle.hideturtle()
```

(2) 调用 star()函数时，实参数量多于形参数量。

```
#example7.8-b
import turtle
def star(a,b,c):
    turtle.color(a,b)
    turtle.begin_fill()
    for i in range(5):
        turtle.forward(c)
        turtle.left(144)
        turtle.end_fill()
star("red","blue",180,100)
turtle.hideturtle()
```

运行以上两个程序，都会产生错误，第一个程序产生的错误如下。

```
>>>
==================RESTART:C:/Python/example7.8-a.py==================
Traceback (most recent call last):
  File "C:\Python\example7.8-a.py", line 10, in <module>
    star("red","blue")
TypeError: star() missing 1 required positional argument: 'c'
>>>
```

第二个程序产生的错误如下。

```
>>>
==================RESTART:C:/Python/example7.8-b.py==================
Traceback (most recent call last):
  File " C:\Python\example7.8-a.py", line 10, in <module>
    star("red","blue",180,100)
TypeError: star() takes 3 positional arguments but 4 were given
 >>>
```

 说 明

例 7.8 的函数中定义有三个位置参数 a、b、c，调用时实参的数量与形参的数量必须相同，无论实参的数量少于形参还是实参的数量多于形参，Python 都会报错。

2. 关键字参数

在调用函数时可以明确指定参数值传递给哪个形参，这样的参数被称为关键字参数。使用关键字参数，可以不必考虑形参与实参的位置和顺序的一一对应。

【例 7.9】使用关键字参数，参数位置不必一一对应，运行结果如图 7.6 所示。

```
#example7.9
def star(a,b,c):
    import turtle
```

```
    turtle.color(a,b)
    turtle.begin_fill()
    for i in range(5):
        turtle.forward(c)
        turtle.left(144)
    turtle.end_fill()
star("red","blue",150)
star(b="blue",a="red",c=150)     #关键字参数
star(c=150, a="red",b="blue")     #关键字参数
```

程序运行结果如图 7.6 所示。

图 7.6　程序运行结果

 说明

(1) 例 7.9 程序中定义了函数 star (), 然后调用该函数 3 次, 3 次调用的结果都相同。

(2) 例 7.9 第 1 次调用, star("red","blue",150)语句是位置参数的调用方式, 此时实参按照顺序和位置传递给形参, 也就是说, "red"传递给形参 a, "blue"传递给形参 b, 150 传递给形参 c。

(3) 例 7.9 第 2 次调用, star(b="blue",a="red",c=150)使用了关键字参数, 虽然参数书写的顺序不同, 但由于使用了关键字, 同样完成了参数的传递, 结果与第 1 次调用相同。即, 将"blue"传递给了形参 b, 将"red"传递给了形参 a, 将 150 传递给了形参 c。

(4) 例 7.9 第 3 次调用, star(c=150,a="red",b="blue")同样使用了关键字参数, 与前面两次调用结果相同, 也就是说, 使用关键字参数调用函数时, 可以打乱参数传递的顺序。

7.3.3　默认值参数

　　Python 允许在定义函数时为形参指定默认值, 称为默认值参数。指定了默认值的形参也被称为可选参数, 没有指定默认值的形参被称为必选参数。在调用函数时, 必选参数必须给出, 而可选参数(默认值参数)可以省略。当实参中省略了可选参数时, 形参使用函数定义时的默认值; 若实参中给出了可选参数值, 则将给定值传递给形参。带有默认值参数的函数按如下格式定义。

```
def  <函数名>(…<形参=默认值>…)
    <函数体>
```

【例 7.10】定义求 x^n 的函数，通过函数默认值，设定该函数在默认情况下求 x^2。

```
#example7.10
def power(x,n = 2):                        #定义默认值参数 n
    s=1
    for i in range(1,n+1):
        s=s * x
    return s
print(power(5))                #形参 n 的默认值为 2，求 5 的平方
print(power(6))                #形参 n 的默认值为 2，求 6 的平方
print(power(5,3))              #改变默认值参数 n 的值，求 5 的 3 次方
print(power(3,4))              #改变默认值参数 n 的值，求 3 的 4 次方
```

程序运行结果如下。

```
>>>
====================RESTART:C:\Python\example7.10.py====================
25
36
125
81
>>>
```

说明

(1) 例 7.10 的函数 power()中，定义了两个参数 x 和 n。

(2) 例 7.10 的形参 n 为默认值参数，它的默认值为 2，调用函数时可以不为 n 传递值，此时函数的功能是求任意数的平方，如，power(5)用来计算 5 的平方。

(3) 例 7.10 调用函数时也可以为形参 n 传递不同的值，从而改变默认值参数，此时函数的功能为求任意数的 n 次方，如 power(5,3)为求 5 的 3 次方。

【例 7.11】多个默认值参数的使用。

```
#example7.11
import turtle
def star(c,a='red',b='yellow'): #指定两个默认值参数 a 和 b
    turtle.color(a,b)
    turtle.begin_fill()
    for i in range(5):
        turtle.forward(c)
        turtle.left(144)
    turtle.end_fill()
star(80)                #给必选参数 c 传递值，可选参数 a 和 b 使用默认值
star(120,"blue")        #给必选参数 c 和可选参数 a 传递值，可选参数 b 使用默认值
star(160,"green","pink")        #给必选参数 c，可选参数 a、b 都传递值
```

程序运行结果如图 7.7 所示。

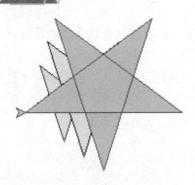

图 7.7　程序运行结果

(1) 例 7.11 的函数 star()中，c 为必选参数，a 和 b 都为默认值参数。

(2) 例 7.11 第 1 次调用函数时，只给必选参数 c 传递数值 80，a 和 b 都使用默认值。第 2 次调用函数时，按照位置参数的对应关系，将数值 120 传递给必选参数 c，同时给默认值参数 a 也传递新值"blue"，b 使用默认值。第 3 次调用函数时，必选参数、可选参数都传递新值，从而改变了其原来的默认值。

(1) 定义函数时须保证必选参数在前，默认值参数在后。

(2) 默认值必须为不可变对象，如果可变对象作为默认值，会造成程序错误。例如，列表不能作为参数的默认值。

7.3.4　可变参数

Python 中的可变参数是指定义函数时不指定参数的数量，在调用函数时可变参数可以接收任意多个参数。可变参数有两种：参数名称前面加一个星号(*)和参数名称前加两个星号(**)。

1. 单星号参数

可以通过带星号(*)的参数定义，用来接收可变数量的参数，可变参数在函数调用时自动组装为一个元组。

【例 7.12】可变参数调用。

```
#example7.12
def fun(x,*y):
    pensize(y[0])
    for i in range(y[1]):
        pencolor(choice(c))
        fd(i*5)
        left(a)
from turtle import *
```

```
from random import choice,randint
c = ['yellow', 'green', 'purple', 'pink','red','black','blue']
a=eval(input('旋转角度'))
b=eval(input('笔触大小'))
d=eval(input('循环次数'))
fun(a,b,d)
```

程序运行结果如下面代码和图 7.8 所示。

```
>>>
====================RESTART:C:\Python\example7.12.py====================
旋转角度 100
笔触大小 2
循环次数 50
```

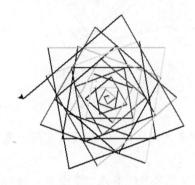

图 7.8 程序运行结果

 说 明

(1) 例 7.12 的函数 fun()内部的参数 y 的前面带有一个星号(*), 说明 y 为可变参数, 被调用时可以接收任意多个参数。

(2) 例 7.12 的程序运行后, 将实参旋转角度 a 的值传递给形参 x, 将实参笔触大小 b 和循环次数 d 两个值传递给形参 y, 可变参数 y 为一个元组, 其中 y[0]=b, y[1]=d。

2. 双星号参数

定义函数时, 若在参数前面添加两个星号(**), 则指定调用时关键字参数被放置在一个字典中传递给函数。如果一个函数定义中的最后一个形参有双星号(**)前缀, 则所有正常形参之外的其他关键字参数都将被放置在一个字典中传递给该参数。

【例 7.13】双星号参数, 运行结果如图 7.9 所示。

```
#example7.13
def fun(x,**y):
    pensize(y["b"])
    for i in range(y["d"]):
        pencolor(choice(c))
        fd(i*5)
        left(x)
```

```
    end_fill()
from turtle import *
from random import choice,randint
c = ['yellow', 'green', 'purple', 'pink','red','black','blue']
a=randint(0,360)
fun(a,b=randint(1,5),d=randint(40,50))
```

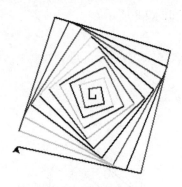

图 7.9　程序运行结果

 说明

(1) 例 7.13 的函数 fun()中定义的参数 y，前面带有两个星号(**)，说明 y 为可变参数，可以接收任意多个参数。

(2) 例 7.13 调用时，关键字参数被组装为一个字典，传递给参数 y。

由于定义函数时采用了可变参数(形参前加了*号或**号)，在函数调用时，除了位置参数，其他参数都自动组装为一个元组或字典传递给形参，此时有一种特殊情况，即实参本身就是一个组合数据类型(元组、列表、字典、集合)，参数又如何传递呢？下面的例子将说明这一问题。

【例 7.14】形参为序列类型的可变参数传递。

```
#example7.14
def square_sum(*number):
    print(number)
    sum=0
    for i in number:
        sum=sum+i*i
    return sum
nums= [1,2,3]
print(square_sum(nums))
```

运行该程序，会产生如下错误。

```
>>>
====================RESTART:C:\Python\example7.14.py====================
([1, 2, 3],)
Traceback (most recent call last):
  File "C:\Python\example6.14.py", line 9, in <module>
    print(square_sum(nums))
```

```
    File "C:\Python\example6.14.py", line 6, in square_sum
       sum = sum + i * i
TypeError: can't multiply sequence by non-int of type 'list'
>>>
```

说 明

(1) 例 7.14 的形参 number 前面带有星号, 为可变参数。

(2) 例 7.14 的实参 nums 为列表[1,2,3], 调用函数时会将 nums 参数整体组装为一个元组传递给形参 number, 故输出 number 的值为元组(1,2,3)。

(3) 例 7.14 的程序继续执行到 sum=sum+i*i, 即为 sum=0+[1,2,3]*[1,2,3], 语句出错。

其实, 对于上面的例子, 可以采用最常规的方法调用 square_sum()函数, 实现方法如下。

【例 7.15】修改例 7.14 为正确的调用形式。

```
#example7.15
def square_sum(*number):
    print(number)
    sum=0
    for i in number:
        sum=sum+i*i
    return sum
nums= [1,2,3]
print(square_sum(nums[0],nums[1],nums[2]))
```

程序运行结果如下。

```
>>>
===================RESTART:C:/Python/example7.15.py===================
(1, 2, 3)
14
>>>
```

说 明

调用 square_sum()函数时, 传递给可变参数 number 的是 3 个列表元素的值, 在函数内部将这 3 个值组装为一个元组。

7.4 变量的作用域

变量的作用域是 Python 程序设计中一个非常重要的问题。变量的作用域指的是变量起作用的范围, 也可以理解为一个变量的命名空间。根据变量作用范围的不同, 变量可以分为局部变量和全局变量。

7.4.1 局部变量

局部变量是指在一个函数体内或语句块内定义的变量, 其作用范围是从该函数定义开始，到该函数执行结束，只在函数体内使用，即只能在定义它的函数体内有效，在函数体外无效。在不同的函数中可以定义名字相同的局部变量，这些局部变量在不同的函数体内使用，互不影响。

【例 7.16】局部变量的作用域。

```
#example7.16
def fun1(a,b):
    x=a                              #fun1 函数中的局部变量 x
    y=b                              #fun1 函数中的局部变量 y
    sum=x*0.3+y*0.7                  #fun1 函数中的计算 sum
    fun2()                           #在 fun1 函数中调用 fun2 函数
    print("在 fun1 中，上机 x=",x)   #在 fun1 函数中输出 x
    print("在 fun1 中，笔试 y=",y)
    print("在 fun1 中，总分 sum=",sum)
def fun2():
    x=90                             #在 fun2 函数中给局部变量 x 赋值
    y=80                             #在 fun2 函数中给局部变量 y 赋值
    sum=(x+y)/2                      #fun2 函数中另一种计算分数方法
    print("在 fun2 中，上机 x=",x)   #在 fun2 函数中输出 x
    print("在 fun2 中，笔试 y=",y)
    print("在 fun2 中，总分 sum=",sum)
    print("------------------")
fun1(100,85)                         # 在主程序中调用 fun1 函数
```

程序运行结果如下。

```
>>>
===================RESTART:C:/Python/example7.16.py===================
在 fun2 中，上机 x= 90
在 fun2 中，笔试 y= 80
在 fun2 中，总分 sum= 85.0
------------------
在 fun1 中，上机 x= 100
在 fun1 中，笔试 y= 85
在 fun1 中，总分 sum= 89.5
>>>
```

说明

(1) 在例 7.16 的 fun1 和 fun2 函数中，变量 x、y 和 sum 都是局部变量，虽然变量名字相同，但在不同的函数体中，代表不同的对象，互不影响，只能分别在各自的函数体内使用。

(2) 在例 7.16 的 fun2 函数中，x=90、y=80，表达式 sum=(x+y)/2 的计算结果为 85.0，当 fun2 函数执行结束后，fun2 函数体中的局部变量 x、y、sum 释放，fun1 函数中的 x=100，y=85，表达式 sum=x*0.3+y*0.7 为 89.5。

(3) 在例 7.16 的程序执行过程中，fun1 函数调用了 fun2 函数，不影响变量之间的关系。

7.4.2 全局变量

局部变量只能在定义它的函数体内使用。全局变量可以在整个程序范围内使用，可以作用于程序中的所有函数，在函数定义之外定义的变量称为全局变量。

1．在函数体外定义全局变量

【例 7.17】全局变量的作用域。

```
#example7.17
def fun1(b):
    y=b                          #fun1 函数中的局部变量 y
    sum=a*0.3+y*0.7              #fun1 函数中的 a 为全局变量
    fun2()                       #在 fun1 函数中调用 fun2 函数
    print("在 fun1 中，上机=",a)
    print("在 fun1 中，笔试 y=",y)
    print("在 fun1 中，总分 sum=",sum)
def fun2():
    y=80                         #在 fun2 函数中给局部变量 y 赋值
    sum=(a+y)/2                  #fun2 函数中 a 为全局变量
    print("在 fun2 中，上机=",a)
    print("在 fun2 中，笔试 y=",y)
    print("在 fun2 中，总分 sum=",sum)
    print("------------------")
a=100
fun1(85)                         # 在主程序中调用 fun1 函数
```

程序运行结果如下。

```
>>>
===================RESTART:C:/Python/example7.17.py===================
在 fun2 中，上机= 100
在 fun2 中，笔试 y= 80
在 fun2 中，总分 sum= 90.0
------------------
在 fun1 中，上机= 100
在 fun1 中，笔试 y= 85
在 fun1 中，总分 sum= 89.5
>>>
```

说 明

(1) 在例 7.17 的 fun1 和 fun2 函数中，变量 y 和 sum 都是局部变量。

(2) 例 7.17 主程序中的变量 a 为全局变量，作用范围为整个程序。因此在 fun2 函数和 fun1 函数中的表达式 sum=(a+y)/2 和 sum=a*0.3+y*0.7 中的 a 为同一个全局变量 100。

2．全局变量与局部变量同名

当在函数体中定义的局部变量名与全局变量名相同时，在函数体内部调用的是局部变量。

【例 7.18】全局变量与局部变量同名的实例。

```
#example7.18
def fun1(b):
    a=90
    y=b                       #fun1 函数中的局部变量 y
    sum=a*0.3+y*0.7           #fun1 函数中的 a 为局部变量
    fun2()                    #在 fun1 函数中调用 fun2 函数
    print("在 fun1 中，上机=",a)
    print("在 fun1 中，笔试 y=",y)
    print("在 fun1 中，总分 sum=",sum)
def fun2():
    y=80                      #在 fun2 函数中给局部变量 y 赋值
    sum=(a+y)/2               #fun2 函数中 a 为全局变量
    print("在 fun2 中，上机=",a)
    print("在 fun2 中，笔试 y=",y)
    print("在 fun2 中，总分 sum=",sum)
    print("------------------")
a=100
fun1(85)                      #在主程序中调用 fun1 函数
```

程序运行结果如下。

```
>>>
===================RESTART:C:/Python/example7.18.py===================
在 fun2 中，上机= 100
在 fun2 中，笔试 y= 80
在 fun2 中，总分 sum= 90.0
------------------
在 fun1 中，上机= 90
在 fun1 中，笔试 y= 85
在 fun1 中，总分 sum= 86.5
>>>
```

 说 明

(1) 例 7.18 的主程序中定义的变量 a 为全局变量。

(2) 在例 7.18 的 fun2 函数中 y、sum 为局部变量，a 为全局变量，因此表达式 sum=(a+y)/2 中参与计算 a 的值为全局变量的值 100，sum 计算结果为 90.0。

(3) 在例 7.18 的 fun1 函数中，a、y、sum 为局部变量，fun1 中的 a 虽然与全局变量同名，但在函数体内 a 仍为局部变量，与全局变量中的 a 无关，不是同一变量，因此在表达式 sum=a*0.3+y*0.7 中参与计算的值为局部变量的值 90，计算结果为 86.5。

3. global 语句

Python 提供了 global 语句，global 语句在函数内部声明全局变量，且可以声明多个变量为全局变量，变量中间用逗号分隔。

【例 7.19】global 语句应用。

```
#example7.19
def fun1(b):
    global a            #声明 a 是函数外的全局变量
    a=100
    y=b
    sum=a*0.3+y*0.7
    print("在 fun1 中，上机=",a)
    print("在 fun1 中，笔试 y=",y)
    print("在 fun1 中，总分 sum=",sum)
a=90    #a 为全局变量
fun1(85)                #在主程序中调用 fun1 函数
print("a=",a)           #输出修改以后的值 100
```

程序运行结果如下。

```
>>>
====================RESTART:C:/Python/example7.19.py====================
在 fun1 中，上机= 100
在 fun1 中，笔试 y= 85
在 fun1 中，总分 sum= 89.5
a= 100
>>>
```

(1) 例 7.19 的主程序中定义的变量 a 为全局变量。

(2) 在例 7.19 的 fun 函数中使用 global 语句声明了 a 为全局变量，修改了 a 的值，因此最后 print 输出时，a 为修改以后的值 100。

7.5　函数的嵌套和递归

7.5.1　函数的嵌套

Python 支持嵌套函数，即在定义函数的时候，函数体内部又包含另外一个函数的完整定义，并且可以多层嵌套。相对而言，被定义在其他函数体内部的函数称为内部函数，内部函数所在的函数叫作外部函数。

【例 7.20】嵌套函数实例 1。

```
#example7.19
def First():            #定义函数 First()
    a=3
    def Second():       #在函数 First()内部定义函数 Second()
        b=4
        print(a+b)
    Second()            #在 First()函数内调用 Second()函数
    print(a)
First()                 #在主程序内，调用函数 First()
```

程序运行结果如下。

```
>>>
===================RESTART:C:/Python/example7.19.py===================
7
3
>>>
```

 说 明

(1) 在函数嵌套定义时，局部变量的作用域指的是作用范围为该函数体内部，包括在该函数体内部定义的子函数，在外部函数中定义的局部变量，相对于内部函数而言，其具有隐含的全局变量的意义。

(2) 在例 7.19 的外部函数 First()中定义的变量 a 是局部变量，但其作用范围也包含内部函数 Second()。因此在 Second()中可以调用 print()函数直接引用变量 a，此时，在 Second()函数看来，变量 a 相当于全局变量。

但是，如果在内部函数中变量 a 出现在赋值号的左侧，则情况又不一样了，如下面的例子。

【例 7.21】嵌套函数实例 2。

```
#example7.20
def First():                      #定义函数 First()
    a=3
    def Second():                 #在函数 First()内部定义函数 Second()
        a=5
        b=4
        print(a+b)
    Second()                      #在 First()函数内调用 Second()函数
    print(a)
First()
```

程序运行结果如下。

```
>>>
===================RESTART:C:/Python/example7.20.py===================
9
3
>>>
```

 说 明

(1) 在例 7.20 中，相对于 Second()函数而言，First()内部定义的变量 a 是全局变量，其作用范围包含 Second()函数内部。

(2) 在内部函数 Second()中，变量 a 出现在赋值号的左侧，所以该变量为函数 Second()内部的局部变量，与外部函数 First()中定义的变量 a 为不同变量。

定义多层嵌套函数时，变量的作用域将变得更为复杂。因此，为加深理解，给出下面的例子。

【例 7.22】 函数多层嵌套实例。

```
#example7.21
def first():                    #定义函数 first()
    x1="Dream1"                 #定义函数 first()内的局部变量 x1
    print(x1)
    def second():               #在函数 first()内部定义函数 second()
        x1="second_Dream1"      #定义函数 second()内局部变量 x1，不同于 first()内的 x1
        global x2               #声明 x2 为全局变量
        x2="Dream2"
        print(x1,x2)
        def third():            #在函数 second()内部定义函数 third()
            x3="Dream3"         #定义函数 third()内的局部变量 x3
            print(x1,x2,x3)
        return third()          #second()的返回值为函数 third()，相当于调用 third()
    second()                    #调用函数 second()
    print(x1,x2)                #返回到 first()函数，x1 为前面定义的局部变量
first()                         #调用函数 first()
```

程序运行结果如下。

```
>>>
====================RESTART:C:/Python/example7.21.py====================
Dream1
second_Dream1 Dream2
second_Dream1 Dream2 Dream3
Dream1 Dream2
>>>
```

 说明

(1) 在例 7.21 中，函数 first()内的变量 x1 是局部变量，作用范围为整个函数 first()内部，即一直到函数结束调用 first()语句之前，在函数 second()内部的变量 x1 出现在赋值号的左侧，所以其为 second()函数内的局部变量，与上一层函数 first()内的 x1 不是同一变量。

(2) 在例 7.21 的函数 second()内的变量 x2 用 global 语句声明，为全局变量，作用范围为整个程序。

(3) 需要进一步说明的是，如果在例 7.21 的函数 third()内部再定义一个变量 x2，即使用一条赋值语句给 x2 赋值，这里的 x2 也是函数 third()内部的局部变量，读者可以尝试修改上面的程序，查看函数输出结果的变化。

7.5.2 递归

一个函数调用其他函数，形成函数的嵌套调用。一个函数调用自身，形成函数的递归调用。递归就是指一个函数的函数体中直接或间接调用函数自身的一种方法。递归是一种常用的程序设计方法。递归方法只需少量的程序代码就可描述解题过程所需要的多次重复计算，大大地减少了程序的代码量。

【例 7.23】利用递归函数求斐波那契数列前 n 项。

斐波那契数列的递归定义如下。

$$Fib(n) = \begin{cases} 0 & (n = 0) \\ 1 & (n = 1) \\ Fib(n-1) + Fib(n-2) & (n \geqslant 2) \end{cases}$$

程序代码如下。

```python
#example7.22
def Fib(n):
    if n==0:
        return 0
    elif n==1:
        return 1
    else:
        return Fib(n-1)+Fib(n-2)   #递归调用
print("输出斐波那契数列前 5 项: " ,end="")
for i in range(5):
    print(Fib(i),end=" ")
print()
print("输出斐波那契数列第 15 项: ",Fib(14))
```

程序运行结果如下。

```
>>>
==================RESTART:C:/Python/example7.22.py==================
输出斐波那契数列前 5 项: 0 1 1 2 3
输出斐波那契数列第 15 项: 377
```

当 n>=2 时，求第 n 项斐波那契数列，可以归结为求第 n-1 项和第 n-2 项的斐波那契数列，将原问题规模由 n 降到 n-1 和 n-2；同理，求第 n-1 项可以归结为求第 n-2 项和第 n-3 项……如此递推，实现问题规模的缩小且新问题与原问题相同。同为求斐波那契数列问题，当 n=2 时，第 2 项的值为第 1 项和第 0 项数的和，第 1 项和第 0 项的值分别为 1 和 0，此时递归终止。

求 Fib(5) 的过程如图 7.10 所示。

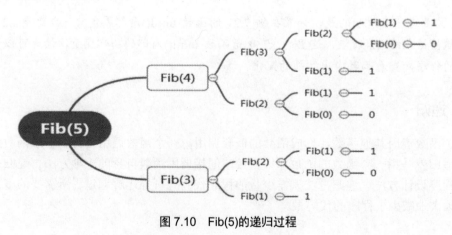

图 7.10　Fib(5)的递归过程

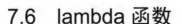

7.6 lambda 函数

Python 中，使用 lambda 关键字可以在一行内定义函数，不需要指定函数名。该函数也被称为匿名函数，lambda 函数实质就是一个 lambda 表达式。

lambda 函数语法格式如下。

```
lambda <参数列表>:<表达式>
```

 说 明

(1) 参数列表：lambda 函数包含的用逗号分隔的形式参数列表。

(2) 表达式：只能为单个表达式，不能包含分支或循环语句，但在表达式中可以包含函数，并支持默认值参数和关键字参数，表达式的值作为 lambda 函数的返回值。

(3) lambda 函数也是一个函数对象，可以将函数赋值给一个变量，利用变量调用该函数。例如下面代码。

```
>>>fun=lambda x,y,z :min(x,y,z)
>>>fun(12,23,56)
12
```

lambda 函数等价于使用 def 关键字定义的函数。

```
>>>def fun(x,y,z):
            fun=min(x,y,z)
            return fun
>>> fun(10,20,0)
0
```

lambda 函数支持默认值参数和关键字参数。

```
>>> fun=lambda x,y=3,z=15 :min(x,y,z)   #默认值参数
>>> fun(30)
3
>>> fun(y=10,z=0,x=30)       #关键字参数
0
```

lambda 函数可以作为列表或字典元素，下面以列表为例进行说明。

```
>>> list1=[22,68,-31,96]
>>> list2=sorted(list1,key=lambda x:-x)    #列表元素降序排序
>>> list2
[96, 68, 22, -31]
>>> list2=sorted(list1,key=lambda x:x)        #列表元素升序排序
>>> list2
[-31, 22, 68, 96]
```

7.7 模　　块

模块是一个包含变量、语句、函数或类的程序文件，其后缀名是.py。用户编写程序的过程就是编写模块的过程。用户可以将一个 Python 程序分解成多个模块，以便于后期的重复应用和维护。模块可以被别的程序导入，以使用该模块中的函数等功能，这也是使用 Python 标准模块的方法。

7.7.1　模块的导入

Python 中的模块分为标准模块和用户自定义模块。

标准模块提供了数学运算、文件处理、文本处理、操作系统等基本的功能，如 random(随机数)、math(数学运算)、time(时间处理)、file(文件处理)、os(和操作系统交互)等。

另外，Python 还提供了海量的第三方模块，使用方式和标准模块类似。功能几乎覆盖了所有领域，如科学计算、Web 开发、大数据、人工智能、图形系统等。

在默认情况下，Python 仅安装基本模块，基本模块内的对象可以直接使用。在需要时可以加载其他需要的标准模块和扩展模块。在 Python 中用关键字 import 来引入某个模块。

7.7.2　模块的搜索路径

在使用 import 或 from 语句导入模块时，Python 需要查找模块程序的位置，找到文件后才能读取、装载运行该模块文件。一般按照如下路径顺序查找模块文件。

- 内置模块
- 当前目录
- 程序的主目录
- pythonpath 目录(如果已经设置了 pythonpath 环境变量)
- 标准链接库目录
- 第三方库目录(site-packages 目录)
- sys.path.append()临时添加的目录

输入以下代码，使用标准模块 sys 中的 path 变量查看当前搜索路径。代码如下。

```
>>> import sys
>>> sys.path
['',
'C:\\Users\\Administrator\\AppData\\Local\\Programs\\Python\\Python35\\Lib\\idlelib',
'C:\\Users\\Administrator\\AppData\\Local\\Programs\\Python\\Python35\\python35.zip',
'C:\\Users\\Administrator\\AppData\\Local\\Programs\\Python\\Python35\\DLLs',
```

```
'C:\\Users\\Administrator\\AppData\\Local\\Programs\\Python\\Python35\\l
ib',
'C:\\Users\\Administrator\\AppData\\Local\\Programs\\Python\\Python35',
'C:\\Users\\Administrator\\AppData\\Local\\Programs\\Python\\Python35\\l
ib\\site-packages']
>>>
```

在 Python 搜索路径列表中，第一项(' ')是空串，表示当前 Python 的工作目录，Python 按照先后顺序依次在列表中搜索需要导入的模块，如果需要导入的模块不在当前显示的目录中，则导入操作失败。用户可以通过调用列表的 append()方法增加目录。代码如下。

```
>>> import sys
>>> sys.path.appen("C:\\Users\\Administrator\\Desktop")
```

添加 C:\Administrator\Desktop 目录下的模块到 path 中。

使用 sys.path 语句查看，最后两项为临时添加的模块 aa 和模块所在的目录。

```
>>> sys.path
['',
'C:\\Users\\Administrator\\AppData\\Local\\Programs\\Python\\Python35\\L
ib\\idlelib',
'C:\\Users\\Administrator\\AppData\\Local\\Programs\\Python\\Python35\\p
ython35.zip',
'C:\\Users\\Administrator\\AppData\\Local\\Programs\\Python\\Python35\\D
LLs',
'C:\\Users\\Administrator\\AppData\\Local\\Programs\\Python\\Python35\\l
ib',
'C:\\Users\\Administrator\\AppData\\Local\\Programs\\Python\\Python35',
'C:\\Users\\Administrator\\AppData\\Local\\Programs\\Python\\Python35\\l
ib\\site-packages', 'C:\\Users\\Administrator\\Desktop\\aa',
'C:\\Users\\Administrator\\Desktop']
>>>
```

7.7.3　自定义模块和包

1. 自定义模块

用户自定义模块就是建立一个 Python 程序文件，文件的名字就是模块的名字。

下面定义了一个文件 aa.py，在 aa.py 中定义了用*画三角形的函数 triangle()。

```
def triangle(n):
    for i in range(1,n+1):
        print(" "*(n-i)+"*"*(2*i-1))
```

在 Python 交互环境下或其他程序中就可以调用 aa.py 模块并使用其中的函数 triangle()。

```
>>> import aa
>>> aa.triangle(5)
*
   ***
```

```
     * * * * *
    * * * * * * *
   * * * * * * * * *
>>>
```

Python 文件有两种使用方法：第一种在 Python 交互环境下独立运行，第二种可以作为模块被导入。要控制 Python 模块中的某些代码在导入时不执行，在独立运行时才执行，需要使用__name__属性来实现。

__name__是 Python 的内置属性，表示当前模块的名字。当__name__属性值为__main__时，Python 文件独立运行；当__name__属性值为模块文件名时，Python 文件作为模块被导入。语句 if __name__=="__main__"控制这两种不同情况的代码执行过程。

【例 7.24】 __name__属性测试。

```
#example7.23
def triangle1(n):
    for i in range(1,n+1):
        print(" "*(n-i)+"*"*(2*i-1))

def triangle2(n):
    for i in range(n,0,-1):
        print(" "*(n-i)+"*"*(2*i-1))

if __name__=="__main__":
    print("请使用一个模块！")
```

直接运行该程序 triangle.py，得到的结果如下。

```
>>>
====================RESTART:C:/Python/example723.py====================
请使用一个模块！
```

使用 import 语句将该程序作为模块导入时，得到的结果如下(注意：程序文件必须保存在 sys.path 包含的任意一个目录下或将文件目录添加到 path 中，否则无法导入)。

```
>>> import triangle
>>> triangle.triangle1(3)
  *
 ***
*****
>>> triangle.triangle2(3)
*****
 ***
  *
```

2. 包

当一个项目中有很多个模块时，需要再进行组织。Python 将功能类似的模块放到一起，称为包(Package)。

包的外层目录必须包含在 Python 的搜索路径中。包下面可以包含"模块(module)"，也可以再包含"子包(subpackage)"。就像文件夹下面可以有文件，也可以有子文件夹一样。每个包必须有一个__init__.py 文件，__init__.py 可以是空文件，也可以有 Python 代码。

包和模块的关系如图 7.11 所示。包的典型结构如图 7.12 所示。

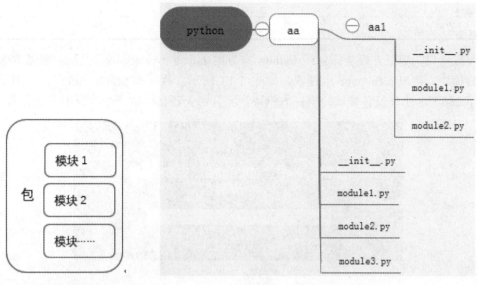

图 7.11　包和模块的关系　　　　　图 7.12　包的结构

图 7.12 中，aa 是上层的包，下面有一个子包 aa1，在每个包里面都有__init__.py 文件。如果要引用 aa1 文件夹中的 module2.py 模块，可以使用下面的语句。

```
>>>from aa.aa1 import module2
>>>import aa.aa1.module2
```

7.7.4　安装第三方模块

1. 第三方模块介绍

Python 流行的一个很重要的原因是其支持数量众多、涉及各领域开发、功能强大的第三方模块(扩展库)。安装第三方模块有多种不同的方法和工具，其中，采用包管理工具 pip 是目前的主流方式。采用 pip 方式，首先要求计算机必须联网，通过简单命令即可实现对第三方模块的安装和卸载等操作。常用 pip 命令的使用方式如表 7.1 所示。

表 7.1　常用 pip 命令的使用方法

pip 命令示例	说　明
pip help	列出 pip 系列的子命令
pip list	列出当前已安装的所有模块
pip install	安装模块
pip uninstall	卸载模块
pip install--upgrade	升级模块
pip download	下载模块

续表

pip 命令示例	说　明
pip show	显示模块信息
pip search	查找模块

一般来说，第三方模块都会在 Python 官方的 https://pypi.org/网站注册，想要安装一个第三方模块，可以先在 pypi 上搜索，如图 7.13 所示。截至本书编写完成时，该网站已经收录了 266 538 个涉及各领域的第三方模块，并且每天还在以数十个的速度增加。

图 7.13　pypi 官网

2. 第三方模块 Pillow 的安装和卸载

下面以安装第三方模块 Pillow 为例，介绍利用 pip 命令安装第三方模块的过程。Pillow 是一个用于 Python 图像处理的第三方模块，包含改变图像大小、旋转图像、图像格式转换、色场空间转换、图像增强等基本图像处理功能的函数(方法)。

先使用 pip 命令安装 Python 第三方模块，必须在命令行提示符环境中进行，并且要切换到 pip 命令所在的目录。然后，按照如下命令安装 Pillow 第三方模块。

```
:\>pip install Pillow
```

该命令执行后会通过网络下载 Pillow 并安装，执行过程如图 7.14 所示。

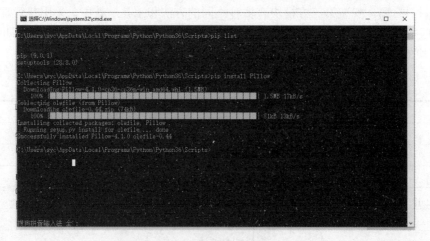

图 7.14　用 pip 命令安装 Pillow 模块

Pillow 第三方模块安装成功后，就可以在 Python 开发环境中导入该模块并使用其中的函数。例如，安装完 Pillow 后，可以执行类似下面的代码。

```
>>> from PIL import Image          #导入第三方模块 Pillow 的 Image 类
>>> im=Image.open('flower.jpg')    #打开当前文件夹下的图片文件 flower.jpg
>>> print(im.size)                 #输出图片的分辨率大小(宽，高)
(1836, 3264)
```

受限于网络等因素，直接使用 pip 安装有时会非常慢，且容易失败。此时可以使用镜像安装或者利用 setuptools 等包管理工具，这方面的内容读者可以查阅相关资料，本书不做介绍。

卸载模块使用 pip uninstall 命令，如卸载 Pillow 模块。

```
:\>pip uninstall Pillow
```

也可以通过 pip list 命令查看系统中已经安装的所有第三方模块，代码如下。

```
:\>pip list
beautifulsoup4(4.5.3)
olefile(0.44)
Pillow(4.1.0)
pip(9.0.1)
requests(2.13.0)
setuptools(28.8.0)
…
```

使用模块可以大大提高代码的可维护性，同时，编写代码不必从零开始。若一个模块编写完毕，就可以在其他场合被引用。编写模块时也不必考虑变量或函数的名字会与其他模块冲突，同名的函数和变量完全可以分别存在不同的模块中。表 7.2 列出一些常用的第三方库的用途。

表 7.2　一些常用的第三方库及其用途

模 块 名	用 途
numpy	矩阵处理、矢量处理、线性代数、傅里叶变换
matplotlib	绘图库、数学运算、绘制图表
tkinter	标准 Tk GUI 工具包的接口
jieba	中文分词
wordcloud	文字云
requests	网页内容抓取
pandas	高效数据分析
Pygame	多媒体开发和游戏软件开发
scipy	numpy 库之上的科学计算库
PIL	通用的图像处理库
sklearn	机器学习和数据挖掘
WeRoBot	微信机器人开发框架

续表

模 块 名	用 途
PyPDF2	PDF 文件内容提取及处理
Pillow	图像处理

3. 更新 pip 版本

本书使用的是 Python 3.5.3 版本，安装 Python 后，pip 的版本为 9.0，在此基础上安装第三方模块将出现错误提示：Cache entry deserialization failed, entry ignored，无法安装第三方模块。解决的方法是，先更新 pip 版本，然后安装其他第三方模块。更新 pip 版本命令如下。

```
pip install --upgrade pip
```

在安装第三方模块时，可能会因为网络的问题而超时：Read timed out，无法进行安装，可使用如下命令进行安装。

```
pip - -default-time=100 install 第三方模块名
```

 说 明

time 后面的时间可以适当增大。

7.7.5　常见模块应用实例

1. 图形绘制模块 turtle

turtle 模块是 Python 中用于绘制图形的内置函数库。利用 turtle 模块绘图称为海龟绘图，turtle 绘图描述为海龟爬行的轨迹形成绘制的图形。利用 turtle 绘制图形的过程中，需要用到 turtle 模块中的各种函数。请读者参考 2.5 节 turtle 绘图。

【例 7.25】利用 turtle 模块绘制正方形画圆。

```
#example7.24
from turtle import *
bgcolor("blue")
color("yellow")
speed(0)
for i in range(120): #这里设定正方形的个数
    for j in range(5):
        forward(100)
        right(90)
    right(93)      #旋转角度
```

程序运行结果如图 7.15 所示。

图 7.15 程序运行结果

【例 7.26】利用 turtle 模块绘制二叉树。

```
#example7.25
from  turtle import *
def tree(length):
    if length > 10:
        forward(length)
        right(30)                #向右旋转 30°
        tree(length-30)          #调用函数 tree
        left(60)                 #向左旋转 60°
        tree(length-30)          #调用函数 tree
        right(30)                #向右旋转 30°
        backward(length)         #原路返回长度 length

pensize(3)
color('green')
speed(1)
left(90)                         #向左旋转 90°
backward(150)                    #向下绘制 150
tree(150)                        #调用函数 tree
```

程序运行结果如图 7.16 所示。

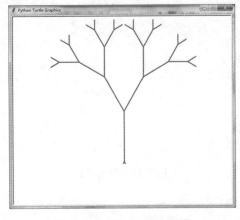

图 7.16 例 7.25 运行结果

说 明

在例 7.25 中，先绘制 tree 长度的主干枝条，然后向右旋转 30°，递归调用 tree 绘制主干枝条上的右分支，之后再向左旋转 60°(抵消右旋转的 30°)，递归调用 tree 绘制主干枝条的左分支，然后再向右旋转 30°，原路返回，接着绘制。

【例 7.27】利用 turtle 模块绘制科赫曲线。

科赫曲线是典型的分形曲线，是瑞典数学家科赫(Kohe)于 1904 年提出来的。

科赫曲线的画法：先任意画一个正三角形，并把每一边三等分；然后取三等分后的一边中间一段为边向外做正三角形，并把这"中间一段"擦掉；接着重复上述两步，画出更小的三角形。一直重复，直到无穷，外界变得越来越细微曲折，形状接近理想化的雪花，也被称为雪花曲线，如图 7.17 所示。

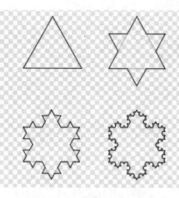

图 7.17　科赫曲线的画法

如图 7.18 所示，以 turtle 绘图绘制科赫曲线。

0 阶科赫曲线

取 1/3 长度

1 阶科赫曲线　　　　　　　　　　　　　　　　　每分割一次为一阶

2 阶科赫曲线

3 阶科赫曲线

图 7.18　科赫曲线

```
#example7.26
from turtle import *
```

```
def koch(n, k):      #n 表示科赫曲线的阶数，k 表示科赫曲线每段的长度
    if n == 0:       #n=0 时，科赫曲线是一条直线
        fd(k)
    else:
        for angle in (60,-120,60,0):
            koch(n-1,k/3)  #n=1 时，科赫曲线在中间 1/3 位置画一个边长为 k/3 的等边三角形
            left(angle)
up()
goto(-200,100)
down()
koch(3,400)              #n=3 时的科赫曲线，改变 n 的值，画出不同程度的科赫曲线
right(120)
koch(3,400)
right(120)
koch(3,400)
```

程序运行结果如图 7.19 所示。

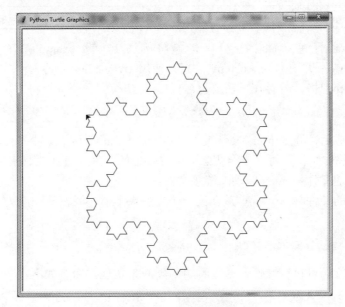

图 7.19 turtle 绘制科赫曲线

2. 文件打包模块 pyinstaller

pyinstaller 是文件打包的第三方模块，它能够在 Windows、Linux、macOS X 等操作系统下将 Python 文件打包为可执行程序文件。打包后的 Python 文件可以在没有 Python 的环境中运行，也可以作为独立文件进行传递和管理。

安装 pyinstaller 模块与安装其他 Python 模块一样，使用 pip 命令安装即可。在命令行输入如下命令。

```
pip install pyinstaller
```

在 pyinstaller 模块安装成功之后，在 Python 的安装目录下的 Scripts 目录下会增加一个 pyinstaller.exe 程序，该文件与 pip.exe 在同一个目录下，可以直接使用。

合理使用 pyinstaller 的参数，可以实现更强大的打包功能。pyinstaller 的常用参数如表 7.3 所示。

表 7.3　pyinstaller 的常用参数

函 数 名	功　能
-h、--help	显示帮助信息
-v、--version	查看版本号
-distpath	生成文件放在哪里，默认为当前目录的 dist 文件夹内
-y	如果 dist 文件夹内已经存在生成文件，则不询问用户，直接覆盖，默认为询问是否覆盖
--clean	在本次编译开始时，清空上一次编译生成的各种文件，默认为不清除
-D、--onedir	生成 dist 目录
-F、--onefile	在 dist 文件夹中只生成独立的打包文件
-p DIR、--paths DIR	添加 python 文件使用的第三方模块路径，DIR 是第三方模块路径

用 pyinstaller 打包文件十分简单，如将例 7.26 的 example7.26.py 文件复制到 d:\python35 文件夹下并更名为 koch.py(注意：使用 pyinstaller 命令打包文件时，文件路径中不能出现逗号和空格，若存在，需要更名)。首先切换到命令提示符下，输入打包命令。

```
c:\users>pyinstaller d:\python35\koch.py
```

命令执行完成后，在 c:\users\文件夹下生成 dist 和 build 两个文件夹。build 文件夹用于存放 pyinstaller 临时文件，可以安全删除。最终打包的文件在 dist 文件夹下的 koch 文件夹下，目录中的其他文件是 koch 的动态链接文件。

若想将打包的文件与 koch.py 放在同一个文件夹下，将当前目录改为 d:\python35，输入下面的打包命令。

```
d:\python35>pyinstaller koch.py
```

若想生成独立的可执行文件，通过添加参数-F 来实现，命令如下。

```
d:\python35>pyinstaller -F koch.py
```

上面命令在 d:\python35\dist 文件夹下只生成一个文件 koch.exe，直接运行该文件即可，也可以将该文件复制到任意其他文件夹运行。

3. 图像处理模块 pillow

图像处理是一门应用非常广的技术，pillow(PIL：Python Imaging Library)是 Python 中最常用的图像处理库，pillow 是第三方模块，先安装再使用。安装 pillow 的命令如下。

```
pip install pillow
```

Image 类是 PIL 库中一个非常重要的类，通过这个类来创建实例有直接载入图像文件、读取处理过的图像和通过抓取的方法得到图像这三种方法。

1) 打开图像

导入 Image 模块，然后通过 Image 类中的 open 方法即可载入一个图像文件。如果载入文件失败，则会引起一个 IOError；若无返回错误，则 open 函数返回一个 Image 对象。

使用函数 open() 的语法格式如下所示。

```
open(fp,mode)
```

其中，fp 为打开文件的路径。mode 为可选参数，表示打开文件的方式。
pillow 库支持的常用图片模式信息如表 7.4 所示。

表 7.4 pillow 库支持的常用图片模式信息

mode(模式)	功 能
1	1 位像素，黑和白，存成 8 位像素
L	8 位像素，黑白
P	8 位像素，使用调试板映射到任何其他模式
RGB	3*8 位像素，真彩
RGBA	4*8 位像素，真彩+透明通道
CMYK	4*8 位像素，颜色隔离
YCbCr	3*8 位像素，彩色视频格式
LAB	3*8 位像素，lab 颜色空间
I	32 位整型像素
F	32 位浮点像素

打开图像后，可以查看图像属性，也可以使用 show() 命令来显示图像、format() 查看图像格式、size() 查看图像大小等。

【例 7.28】打开图像，并查看显示相关信息，显示结果如图 7.20 所示。

```
# example7.27.py
from PIL import Image
im = Image.open('f:\\photo1.png')     #打开 f:\photo1.png
print('图像格式:',im.format)
print('图像大小(宽度，高度):',im.size)
print('图像宽度:',im.width,'图像高度:',im.height)
im.show()     #显示图片
```

图 7.20 用 show() 显示图像

程序运行结果如下。

```
=============== RESTART:C:\Python\example7.27.py ===============
图像格式：JPEG
图像大小(宽度，高度)：(500, 333)
图像宽度：500 图像高度：333
```

2) 新建图像

新建图像的语法格式如下。

```
new(mode,size,color=0)
```

 说明

mode：图片模式，具体取值如表 7.4 所示。

size：表示图片尺寸，由宽和高两个元素构成的元组。

color：默认颜色(黑色)。

3) 保存图像

保存图像命令不但可以将打开的图像对象另外存储一份，而且可以改变原有图像文件的文件格式，比如打开的是 bmp 图像，在保存时可以保存为 jpg、gif 等格式。保存图像的语法格式如下。

```
save(fp,format=None)
```

【例 7.29】在 f:\clolr 文件夹下建立以颜色为文件名、大小为 100*100 的图像文件，新建颜色文件如图 7.21 所示。

```
#example7.28
c=['aliceblue','antiquewhite','aqua','aquamarine','azure',\
'beige','bisque','black','blanchedalmond','blue','blueviolet',\
'brown','burlywood','cadetblue','chartreuse','chocolate',\
'coral','cornflowerblue','cornsilk','crimson','cyan',\
'darkblue','darkcyan','darkgoldenrod','darkgray','darkgreen',\
'darkkhaki','darkmagenta','darkolivegreen','darkorange',\
'darkorchid','darkred','darksalmon','darkseagreen',\
'darkslateblue','darkslategray','darkturquoise','darkviolet']
from PIL import Image
for i in c:
    s=Image.new("RGB",(100,100),i)
    s.save("f:\\color\\%s.jpg"%i)
```

运行结果如下。

```
=============== RESTART:C:\Python\example7.28.py ===============
```

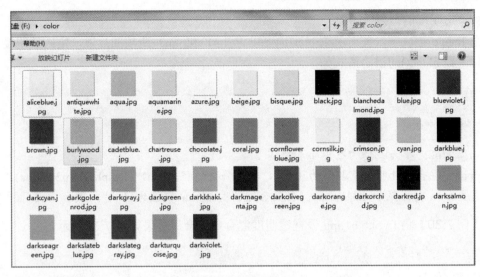

图 7.21 新建的颜色文件

4) 旋转图像

在 Image 模块中，使用 rotate()函数返回图像的副本，围绕其中心逆时针旋转给定的度数。具体语法格式如下。

```
Image.rotate(angle, resample = 0, expand = 0, center = None, translate =
None, fillcolor = None )
```

 说 明

angle: 逆时针方向旋转的角度，程序运行结果如图 7.22 所示。

```
>>> im=Image.open("f:\\photo1.jpg")
>>> im.rotate(90).show()    #逆时针旋转 90° 并显示
>>>
```

图 7.22 旋转 90° 后

5) 透明度混合处理图像

在 Image 模块中，使用函数 blend()可以将 im1 和 im2 两幅图片以一定的透明度进行混合。函数 blend()的语法格式如下。

```
blend(im1,im2,alpha)
```

im1、im2: 参与混合的图像 1 和图像 2。

alpha: 混合的透明度，取值为 0～1，具体混合过程为(im1*(1-alpha)+im2*alpha)。当混合透明度为 0 时，显示 im1 原图。当混合透明度 alpha 取值为 1 时，显示 im2 原图片。

【例 7.30】将 f:\ photo1.jpg 设置透明度混合，混合后效果如图 7.23 所示。

```
#example7.29
from PIL import Image
im1=Image.open("f:\\photo1.jpg").convert(mode="RGB")
im2=Image.new("RGB",im1.size,"blue")
Image.blend(im1,im2,alpha=0.5).show()
```

运行结果如下。

```
=============== RESTART:C:\Python\example7.29.py ===============
```

图 7.23　透明度混合后效果

6) 遮罩混合处理图像

在 Image 模块中使用函数 composite()实现遮罩混合处理。composite()函数的语法格式如下。

```
composite(im1,im2,mask)
```

im1 和 im2: 混合处理的图片 1 和图片 2。

mask: 图像模式，大小要和 im1、im2 一样。

如将下例中的 f:\ photo1.jpg 设置透明度混合，混合后效果如图 7.23 所示。

【例7.31】图像遮罩混合处理效果如图 7.24 所示。

```
#example7.30
from PIL import Image
im1=Image.open('f:\\photo1.jpg')
im2=Image.open('f:\\photo2.jpg')
im2=im2.resize(im1.size)
r,g,b=im2.split()
Image.composite(im1,im2,b).show()
```

(a) photo1.jpg　　　　　　　　　　　(b) photo2.jpg

(c) 混合后效果

图 7.24　遮罩混合效果

在 pillow 库的 Image 模块中，还有很多其他的内置函数和属性，如表 7.5 所示。

表 7.5　Image 中的其他内置函数和属性表

函　　数	功　　能
Image.format	识别图像的源格式
Image.mode	图像模式字符串
Image.size	返回的一个元组，有两个元素，其值为像素意义上的宽和高

续表

函　数	功　能
Image.getbands()	获取图像每个通道的名称列表，例如 RGB 图像返回 ['R', 'G', 'B']
Image.getextrema()	获取图像最大、最小像素的值
Image.getpixel(xy)	获取像素点值
Image.histogram(mask=None,extrema=None)	获取图像直方图，返回像素计数的列表
Image.point(function)	使用函数修改图像的每个像素
Image.putalpha(alpha)	添加或替换图像的 alpha 层
Image.show(title=None,command=None)	显示图片
Image.transform(size,method,data=None,resample=0,fill=1)	变换图像
Image.verify()	校验文件是否损坏
Image.close()	关闭文件

【例 7.32】将图片切割成九宫图，原图及切割效果如图 7.25 所示。

```
#example7.31
from PIL import Image
def cut(image):  # 将图片切割成九宫格
    width, height = image.size   #选取图片的宽度和高度
    item_width = int(width /3)   #一行放 3 张图
    item_height = int(height/3)   #一列放 3 张图
    item_list= []
    for i in range(0,3):
        for j in range(0,3):
            item= (j*item_width,i*item_length,(j+1)*item_width,(i+1)*item_
height)
            item_list.append(item)
            image_list = [image.crop(item) for item in item_list]
    return image_list
def save(image_list):  #保存图片
    index = 1
    for image in image_list:
        image.save(str(index) + '.png', 'PNG')
        index += 1
if _ _name_ _ == '_ _main_ _':
    image = Image.open("d:\\1.jpeg")#打开 d 盘下的图片文件 1.jpeg
    image_list = cut(image)
    save(image_list)
```

(a) 原图

(b) 切割后的图

图 7.25 原图与切割后的图片

习　题

一、填空题

1. Python 安装扩展库常用的工具是_____。

2. 使用 pip 工具查看当前已安装的 Python 扩展库的完整命令是_____。

3. 在函数内部可以通过关键字_____来定义全局变量。

4. 如果函数中没有 return 语句或者 return 语句不带任何返回值，那么该函数的返回值为_____。

5. 已知 g = lambda x, y=3, z=5: x*y*z，则语句 print(g(2)) 的输出结果为_____。

6. 在主程序中定义函数如下。

```
def demo(*p):
    s=sum(p)
    return s
```

在主程序中调用该函数，表达式 demo(1, 2, 3)和表达式 demo(1, 2, 3, 4)的值分别为_____和_____。

7. 在主程序中定义函数如下。

```
def func(**p):
    s = sum(p.values())
    return(s)
```

在主程序中调用该函数，表达式 func(x=3, y=4, z=5)的值为_____。

二、判断题

1. pip 命令也支持扩展名为.whl 的文件直接安装 Python 扩展库。　（　　）

2. 调用函数时，在实参前面加一个星号*表示序列解包。　（　　）

3. 定义函数时，即使该函数不需要接收任何参数，也必须保留一对空的圆括号来表示这是一个函数。　（　　）

4. 一个函数如果带有默认值参数，那么必须所有参数都设置默认值。　（　　）

5. 定义 Python 函数时必须指定函数返回值类型。　（　　）

6. 定义 Python 函数时，如果函数中没有 return 语句，则默认返回空值 None。　（　　）

7. 函数中必须包含 return 语句。　（　　）

8. 函数中的 return 语句一定能够得到执行。　（　　）

9. 不同作用域中的同名变量之间互相不影响，也就是说，在不同的作用域内可以定义同名的变量。　（　　）

10. 全局变量会增加不同函数之间的隐式耦合度，从而降低代码可读性，因此应尽量避免过多使用全局变量。　（　　）

11. 在函数内部没有办法定义全局变量。　（　　）

12. 函数内部定义的局部变量在函数调用结束后被自动删除。　（　　）

13. 调用带有默认值参数的函数时，不能为默认值参数传递任何值，必须使用函数定义时设置的默认值。   (   )

14. 在同一个作用域内，局部变量会隐藏同名的全局变量。   (   )

15. 形参可以看作是函数内部的局部变量，函数运行结束之后形参就不可访问了。

(   )

16. 在函数内部没有任何声明的情况下直接为某个变量赋值，这个变量一定是函数内部的局部变量。   (   )

17. 在 Python 中定义函数时不需要声明函数参数的类型。   (   )

18. 在函数中没有任何办法可以通过形参来影响实参的值。   (   )

19. 在定义函数时，某个参数名字前面带有一个*符号表示可变长度参数，可以接收任意多个普通实参并存放于一个元组之中。   (   )

20. 在定义函数时，某个参数名字前面带有两个*符号表示可变长度参数，可以接收任意多个关键参数并将其存放于一个字典之中。   (   )

21. 定义函数时，带有默认值的参数必须出现在参数列表的最右端，任何一个带有默认值的参数右边不允许出现没有默认值的参数。   (   )

22. 在调用函数时，可以通过关键参数的形式进行传值，从而避免必须记住函数形参顺序的麻烦。   (   )

23. 在调用函数时，必须牢记函数形参顺序才能正确传值。   (   )

24. 调用函数时传递的实参个数必须与函数形参个数相等才行。   (   )

25. 执行语句 from math import sin 之后，可以直接使用 sin()函数，例如 sin(5)。

(   )

三、阅读程序

1. 分析下面程序运行结果。

```python
def square_sum(number):
    sum = 0
    for i in number:
        sum = sum + i * i
    print(sum)
square_sum((1,2,3))
square_sum([1,2,3])
square_sum({1,2,3})
```

2. 分析下面程序运行结果。

```python
def square_sum(number):
    sum=0
    for i in number:
        sum=sum+i*i
    print(sum)
m=[1,2,3]
square_sum(*m)
```

3. 分析下面程序运行结果。

```
def hello_python():
    print('hello Python')
def three_hellos():
    for i in range(3):
        hello_python()
three_hellos()
```

四、程序设计

1. 编写一个程序，求 1!+2!+3!+…n!。要求编写一个自定义函数用来求 n!，然后利用该函数求 1~n 的阶乘和。

2. 利用 turtle 模块设计程序，绘制一个五角星。

获取本章教学课件，请扫右侧二维码。

第 7 章 自定义函数和模块.pptx

第 8 章　文件与异常处理

8.1　文件的概念和基本操作

8.1.mp4

无论电脑采用什么样的操作系统，存储器中的数据都是以文件的形式保存的。文件是一种常用的存储数据形式，便于数据的长期保存、重复使用和修改。在应用程序开发过程中，文件操作几乎是必不可少的。文件的基本操作，主要涉及读取操作和写入操作。

8.1.1　文件

文件是数据的集合，存储在存储器上，包含各种数据类型。操作系统是以文件为单位对数据进行管理的。文件包含文件名、文件类型及存放路径等几个重要属性。文件的类型通常由文件的扩展名决定，不同的文件类型对应不同的软件。在打开文件时，必须指定文件的存放路径，这样程序才能找到文件并进一步操作。

在编写程序时，如果程序需要将一些中间数据或最终的结果保存起来，通常采用写入文件的方式。后面程序如果需要使用这些数据，只要打开文件，读取数据即可。

8.1.2　文件的分类

根据文件访问方式不同，Python 将文件分为文本文件和二进制文件。所有文件类型都可以以二进制文件方式被 Python 访问，包括文本文件，但只有文本类文件(包括 txt 文件和 csv 文件)可以以文本文件方式访问。

1. 文本文件

文本文件也称为 ASCII 码文件，是一种典型的顺序文件，通常使用文本处理软件编辑。文本文件的读取必须从文件的头部开始，一次全部读出，不能只读取中间的一部分数据，不可以跳跃式访问。文本文件的每一行文本相当于一条记录，每条记录可长可短，记录之间使用换行符进行分隔，不能同时进行读和写操作。

本章后面的内容主要以文本文件为例，讲解 Python 文件读写的基本方法。文本文件的优点是使用方便，占用内存资源较少，但其访问速度较慢，不易维护。

2. 二进制文件

计算机中的所有数据信息都是以二进制的形式存储的，因此所有的文件类型都可以进行二进制访问。以二进制访问的文件显示出来的是二进制码，以字节为单位进行划分，如图 8.1 所示。二进制文件允许程序按所需的任何方式组织和访问数据，也允许对文件中各字节数据进行存取和访问。以二进制方式访问，获取的数据并不能表达出文件的真正含义，比如图像文件，想要解读出文件的图像信息，需要借助其他库，比如 PIL 模块。

```
Address  0  1  2  3  4  5  6  7  8  9  a  b  c  d  e  f  Dump
00000000 01 00 01 00 01 00 01 00 01 00 01 00 01 00 01 00 ................
00000010 00 00 00 00 00 00 00 00 00 00 00 00 00 00 00 00 ................
00000020 01 00 00 00 00 00 00 00 00 00 00 00 00 00 00 00 ................
00000030 00 00 00 00 00 00 00 00 01 00 01 00 01 00 01 00 ................
00000040 00 00 00 00 00 00 00 00 00 00 00 00 00 00 00 00 ................
00000050 00 00 00 00 00 00 00 00 00 00 00 00 00 00 00 00 ................
00000060 01 00 01 00 01 00 01 00 01 00 01 00 01 00 01 00 ................
00000070 01 00 01 00 01 00 01 00 01 00 01 00 01 00 01 00 ................
00000080 01 00 00 00 00 00 00 00 00 00 00 00 00 00 01 00 ................
00000090 01 00 00 00 00 00 00 00 00 00 00 00 00 00 01 00 ................
000000a0 01 00 00 00 00 00 00 00 00 00 00 00 00 00 01 00 ................
000000b0 01 00 01 00 01 00 01 00 01 00 01 00 01 00 01 00 ................
000000c0 00 00 00 00 00 00 00 00 00 00 00 00 00 00 00 00 ................
000000d0 01 00 01 00 01 00 01 00 01 00 01 00 01 00 01 00 ................
```

图 8.1 二进制文件

这里讲的 Python 对文件的分类，指的是访问文件的方式，并不是文件类型。

8.1.3 文件的基本操作

前面讲述了文件的基本概念，以及文件的主要功能是存储数据。文件的基本操作主要指数据的读写操作，通常在读写文件前必须打开文件，而在使用结束后应关闭文件。

1. 文件的打开

在 Python 语言中，可以用 open()或 file()内置函数来打开文件，二者具有相同的功能，可以相互替代。本书以 open()为例讲述。

open()函数打开文件的格式如下。

```
<文件句柄>=open(<文件名>[,<访问方式>] [,<缓冲方式>])
```

文件句柄：打开的文件由一个文件句柄做指针，后面对文件的引用都使用这个文件句柄。

文件名：在 open()函数中，文件名指定了需要打开的文件，文件名可以包含文件路径。文件路径主要有两种：一种是相对路径，相对路径表示文件与程序存放路径的关系，通常是同一个文件夹。另外一种是绝对路径，例如 C:\Users\Desktop\python\test.txt。

访问方式：访问方式是一个可选参数，表示打开文件的方式，其值是一个字符串，默认值为 r，即只读方式。访问方式的取值如表 8.1 所示。

缓冲方式：缓冲方式也是一个可选参数，用于设置访问文件所采用的缓冲方式，0 表示不缓冲，1 表示只缓冲一行数据，任何其他大于 1 的值表示使用给定值作为缓冲区大小，给定负值代表使用系统默认缓冲机制，该参数的默认值为-1。

表 8.1　常用文件打开方式

模　式	描　　述
r	以只读方式打开文件。文件指针置于文件的开头。这是默认模式
rb	以二进制只读方式打开文件。文件指针置于文件的开头。这是默认模式
r+	以可读可写方式打开文件。文件指针置于该文件的开头
w	以只写方式打开文件。如果文件存在，覆盖该文件。如果文件不存在，则创建新文件
w+	以可读可写方式打开文件。如果文件存在，覆盖该文件。如果文件不存在，则创建新文件
a	以追加写方式打开文件。文件指针指向文件末尾。如果文件不存在，则创建新文件
a+	以追加写且可读方式打开文件。文件指针指向文件末尾。如果文件不存在，则创建新文件

 说　明

除了表中列出的模式以外，还可以采用 rb+、wb、wb+、ab、ab+几种模式，其与表 8.1 中相同字母含义相同。

(1) 用 r 方式打开文件只能读取文件中的数据，不能向文件写入数据，而且该文件必须已经存在。不能用 r 方式打开一个不存在的文件，否则会抛 IOError 异常，提示该文件不存在。

(2) 用 w 方式打开文件只能用于向该文件写入数据，不能读取其中的数据。如果原来不存在该文件，则在打开时新建一个以指定名字命名的文件；如果原来已有一个同名的文件，则在打开时将该文件删除，然后建立一个新文件。

(3) 用 a 方式打开文件时允许向文件末尾添加新的数据，而不删除原有数据。使用 a 方式打开文件要求该文件已经存在，否则会抛 IOError 异常。

(4) 用带+的方式打开的文件既可以读又可以写。用 r+方式打开时该文件已存在，能够读取其中的数据；用 w+方式打开时则新建一个文件，先向该文件写入数据，然后可以读取此文件中的数据；用 a+方式打开的文件，原来的文件不删除，位置指针移到文件末尾，可以添加，也可以读取。

(5) 如果不能完成文件打开的操作，open 函数会抛出一个 IOError 异常，出错原因可能是用 r+方式打开一个并不存在的文件，或是磁盘出故障，或是磁盘已满无法建立新文件等。因为错误原因较多不可预测，通常使用异常处理命令 try 来保证文件操作安全。

(6) 在读取文本文件的数据时，将回车和换行符转换为一个换行符，向文件写入数据时把换行符转换成回车和换行符两个字符，用二进制文件时不进行这种转换，内存中的数据与输出文件完全一致。

(7) 在程序开始运行时系统自动打开三个标准文件：标准输入(stdin)、标准输出(stdout)和标准错误输出(stderr)，通常这三个文件都与终端相联系，因此从终端输入或输出时都不需要打开终端文件。

2. 文件的关闭

一个文件使用过后应该关闭，以防止被误用。关闭文件是使指向该文件的文件句柄不再指向该文件，以后不能再通过该文件句柄访问文件，或进行读写操作。Python 利用

close()函数关闭文件,其格式如下。

```
<文件句柄>.close()
```

下面是打开和关闭文件的完整过程。

```
f=open('D:\\name.txt','r+')
    ……
f.close()
```

程序的功能就是通过 open()函数返回文件对象赋给文件的句柄 f,使 f 指向所打开的文件对象,然后对文件进行操作,最后执行 f 的 close()函数,关闭该文件,即文件句柄 f 不再指向该文件。

8.2 文本文件的操作

文本文件的扩展名为 txt,文件的内容可以看作一个长字符串。文件通常采用一种特定的编码方式,常见的编码方式有 GBK、ANSI 和 UTF-8 等。由于 Python 可以跨平台在不同的操作系统上使用,在不同平台上打开同一个文本文件时,要考虑编码不同的问题。可以使用类似“#coding:utf-8”这样的命令,声明以什么样的编码方式打开文本文件。

8.2.1 文件的读取

文件内容的读取可以通过以下三个函数来实现,即 read()、readline()和 readlines(),三种文件的读取方式各不相同。

1. read()函数

read()函数可以一次性将文件中的所有内容全部读取,也可以指定每次读取若干个字符,存放在一个字符串变量中。需要注意,read()读取的内容包括每行末尾的换行符。函数调用格式如下。

```
<变量>=<文件句柄>.read([size])
```

 说 明

(1) read()函数的变量用来存放从文件中读取的内容

(2) read()函数的 size 参数表示读取字符的个数,该参数是一个可选参数,不指定或指定负值(系统默认值为-1),将读取文件的所有内容。

【例 8.1】read()函数的使用。打开文本文件 test,使用 read()函数读取,文件内容如图 8.2 所示。

```
#example8.1
f=open("test.txt",'r')
标题=f.read(8)
print(标题)
```

```
内容=f.read()
print(内容)
f.close()
```

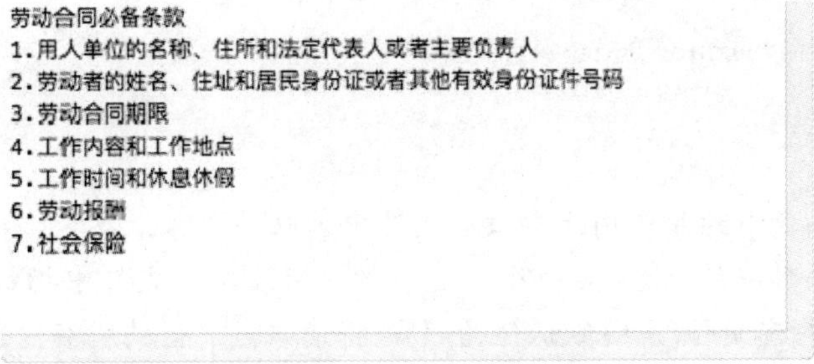

劳动合同必备条款
1.用人单位的名称、住所和法定代表人或者主要负责人
2.劳动者的姓名、住址和居民身份证或者其他有效身份证件号码
3.劳动合同期限
4.工作内容和工作地点
5.工作时间和休息休假
6.劳动报酬
7.社会保险

图 8.2 test 文件内容

程序运行结果如下。

```
>>>
================RESTART:C:\Users\python3.6\example8.1.py===============
劳动合同必备条款

1.用人单位的名称、住所和法定代表人或者主要负责人
2.劳动者的姓名、住址和居民身份证或者其他有效身份证件号码
3.劳动合同期限
4.工作内容和工作地点
5.工作时间和休息休假
6.劳动报酬
7.社会保险
>>>
```

 说 明

(1) 例 8.1 中的 f.read(8)的含义即为从文件头开始读取 8 个字符的内容。读取结束，位置指针移到第 8 个字符的后面，第 8 个字符后面还有一个换行符，所以在显示结果中，标题后面空一行。

(2) 在例 8.1 中，第二次调用 read()函数，不指定要读取的字节数，默认读取所有剩余的文件内容，所以输出 1～7 条内容。

(3) 在例 8.1 中，文件读取结束，位置指针移到文件内容最后一个字符的后面，如果需要移动指针到其他位置，可以使用 seek()函数。seek()函数的调用格式如下。

```
<文件对象>.seek(<偏移量>,<起始点>)
```

 说 明

(1) read()函数的参数起始点：可以选择 0、1 或 2。0 表示文件头，1 表示当前位置，2 表示文件尾。

(2) seek()函数的偏移量是指以起始点为基点，往后移动的字符数。例如，seek(0)会把位置指针移到文件内容的起始处。

2. readline()函数

readline()函数也可以读取文件的内容,但它的读取方式不同于 read()函数,它每次只读取文件中的一行数据,调用格式如下。

```
<变量>=<文件句柄>.readline([size])
```

 说 明

(1) readline()函数中的变量用于存放从文件中读取的内容。

(2) readline()函数中的 size 是一个可选参数,它表示从文件中指针指向的行读取字符的个数,不指定或指定负值(系统默认值为-1),将读取当前行的所有内容。

【例 8.2】readline()函数的使用。

```
#example8.2
f=open("test.txt",'r')
标题=f.readline()
print(标题)
第一条1=f.readline(9)
print(第一条1)
第一条2=f.readline(9)
print(第一条2)
f.close()
```

程序运行结果如下。

```
>>>
================RESTART:C:/Users/python3.6/example8.2.py================
劳动合同必备条款

1.用人单位的名称
、住所和法定代表人
>>>
```

 说 明

(1) 例 8.2 刚打开文件时,位置指针指向第一行开头,不指定读取当前行的前几个字符,系统默认读取当前行的所有字符,包括换行符,因此输出结果为“劳动合同必备条款”,且输出换行符。

(2) 在例 8.2 中,当位置指针指向第二行开头,指定读取当前位置指针指向行的前 9 个字符数据时,输出“1.用人单位的名称”。

(3) 在例 8.2 中,再次使用 readline(9),读取当前行指针位置接下来的 9 个字符,输出“、住所和法定代表人”。

3. readlines()函数

readlines()函数是一次性读取当前位置指针指向处的后续所有内容,函数返回的是一个列表,每行数据作为列表的一个元素。函数的调用格式如下。

```
<变量>=<文件句柄>.readlines()
```

readlines()函数没有参数，一般使用循环的方式读取文件中的内容。

【例 8.3】 readlines()函数的使用。

```
#example8.3
f=open("test.txt",'r')
全文=f.readlines()
i=input("请输入行号：")
for 行 in 全文:
    if i in 行:print(行)
f.close()
```

程序运行后，输入"3"，结果如下。

```
>>>
==============RESTART:C:/Users/python3.6/example8.4.py================
请输入行号：3
3.劳动合同期限

>>>
```

readlines()函数自动将文件内容写成一个列表，用循环来处理列表，使用起来比readline()函数速度快。

8.2.2　文件的写入

将数据写入文件可以通过两个函数来实现，即 write()和 writelines()。这两个函数的区别在于：write()函数是将一个字符串写入文件，每次写入一行；而 writelines()函数是将列表中的内容写入文件，一次写入多行。

1．write()函数

write()函数的功能是将字符串写入文件，在使用该函数前，打开文件函数 open()不能以 r 的方式使用。write()函数的调用格式如下。

```
<文件句柄>.write(<变量>)
```

在 write()函数语句中，变量指要写入的内容，可以是一个字符串或指向字符串对象的变量，也可以是字符串表达式。

【例 8.4】 write()函数的使用。

```
#example8.4
f=open("myfile.txt",'w+')
f.write("这是一个测试文件，用于测试文件的写入!")
```

```
f.write('\n')
f.write("文件写入可以使用 write 函数")
f.seek(0)
全文=f.read()
print(全文)
f.close()
```

程序执行后，运行结果如下。

```
>>>
================RESTART:C:/Users/python3.6/example8.5.py================
这是一个测试文件，用于测试文件的写入！
文件写入可以使用 write 函数
>>>
```

说 明

(1) 在例 8.4 中，程序第一次调用 write()函数将"这是一个测试文件，用于测试文件的写入！"字符串写入文件 myfile.txt，此时位置指针指向最后一个字符"！"的后面；第二次调用 write()函数则直接写入换行符，此时位置指针位于第二行开头；第三次调用 write()函数时则把"文件写入可以使用 write 函数"字符串写入，此时位置指针位于最后一个字符的后面。

(2) 在例 8.4 中，调用 seek()函数将位置指针重新指向文件头，再通过 read()函数读取文件中的内容并输出。

2. writelines()函数

writelines()函数也可以对文件进行写入操作，其功能是将整个列表的内容都写入文件。该函数的调用格式如下。

```
<文件句柄>.writelines(<参数列表>)
```

其中，参数列表为字符串列表，函数 writelines()将字符串列表写入文件。

【例 8.5】writelines()函数的使用。

```
#example8.5
f=open("myfile.txt",'a+')
strlist=["\n","继续写入!\n","文件写入也可以使用 writelines 函数"]
f.writelines(strlist)
f.seek(0)
全文=f.read()
print(全文)
f.close()
```

程序运行结果如下。

```
>>>
================RESTART:C:/Users/python3.6/example8.6.py================
这是一个测试文件，用于测试文件的写入！
文件写入可以使用 write 函数
继续写入！
```

文件写入也可以使用 writelines 函数
>>>

 说 明

在例 8.5 中定义了一个包含三个字符串元素的列表，将字符串列表通过 writelines()函数写入文件。注意写入时要使用"\n"换行，否则会在同一行继续写入。最后调用 seek()函数，把位置指针重新指向文件头，再通过 read()函数读取文件内容，并输出。

8.3 csv 文件的处理

8.3.1 csv 文件

csv 文件以纯文本形式存储表格数据，文件内容以行为单位，每行记录多项数据，各项数据之间用逗号分隔(这里的逗号必须为英文逗号)。csv 文件既可以使用 Excel 打开，也可以使用记事本或其他文本编辑器打开。在 Excel 中可以很方便地转换为 xlsx 文件。对于 Python 而言，csv 文件也是文本文件。只是因为文件里有了逗号分隔，csv 文件中的数据可以被当作二维数据，即表格来处理。

8.3.2 csv 文件的读取

csv 文件的读取，本质上与文本文件的读取是一样的。但需要注意把逗号隔开的元素分开保存，通常使用二维列表保存 csv 中的数据。

下面用一个例题讲解 csv 文件的读取，文件 data.csv 的内容如图 8.3 所示。

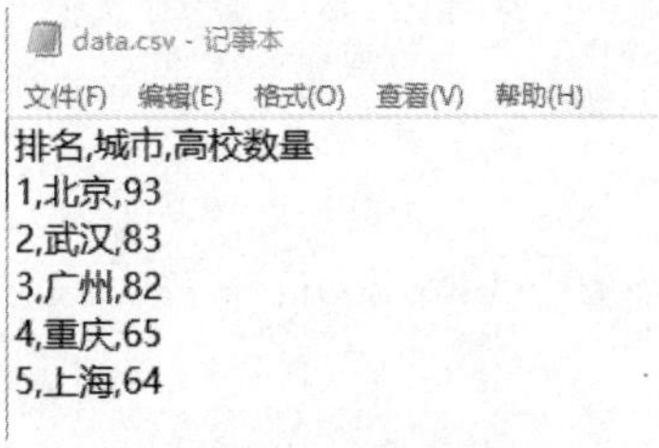

```
 data.csv - 记事本
文件(F)  编辑(E)  格式(O)  查看(V)  帮助(H)
排名,城市,高校数量
1,北京,93
2,武汉,83
3,广州,82
4,重庆,65
5,上海,64
```

图 8.3 文件 data.csv 的内容

【例 8.6】读取 csv 文件到二维列表。

```
#example8.6
fc = open("data.csv", "r")
二维表 = []
for 行 in fc:
    行 = 行.replace("\n","")
    二维表.append(行.split(","))
print(二维表)
fc.close()
```

程序运行结果如下。

```
>>>
================RESTART:C:/Users/python3.6/example8.7.py===============
[['排名', '城市', '高校数量'], ['1', '北京', '93'], ['2', '武汉', '83'],
['3', '广州', '82'], ['4', '重庆', '65'], ['5', '上海', '64']]
>>>
```

说明

(1) 例 8.6 采用了一种新的文本文件读取方式，用循环语句 "for 行 in fc:" 直接访问文件，每循环一次获取文件的一行。这种方法同样适用于 txt 文件。

(2) 在例 8.6 中，语句 "行 = 行.replace("\n","")" 的作用是删除每一行结尾的换行符。

(3) 在例 8.6 中，split()函数的作用是把当前行用逗号划分成列表的若干元素，循环结束时通过程序结果可以看出，所有的数据被保存在一个二维列表中。

8.3.3　csv 文件的写入

需要把数据写入 csv 文件时，也要注意添加元素之间的逗号和每行结尾的换行符。

【例 8.7】csv 文件的写入。

```
#example8.7
fc = open("data.csv", "a+")
n = ['6', '西安', '63']
fc.write("\n"+",".join(n))
fc.seek(0)
表=fc.read()
print(表)
fc.close()
```

程序运行结果如下。

```
>>>
================RESTART:C:/Users/python3.6/example8.7.py===============
排名,城市,高校数量
1,北京,93
2,武汉,83
3,广州,82
4,重庆,65
5,上海,64
6,西安,63
>>>
```

说明

(1) 在例 8.7 中，先将新记录的信息保存在列表 n 中，然后使用 write()函数，采用追加的方式把数据写入文件。

(2) 在例 8.7 的 write()函数中，先使用"\n"换到新的一行，之后使用 join()函数把列表的所有元素用逗号连接起来，变成一个长字符串。

（3）通过观察例 8.7 程序结果，可以看出新的数据被写入文件末尾。

8.4 os 模块和文件夹

8.4.1 os 模块和 os.path 模块

os 即 operate system，是 Python 内置的标准模块，可以直接调用操作系统提供的接口函数。对目录和文件进行操作，是 os 模块功能的一部分。导入 os 模块时使用 import os。Python 提供了丰富的方法用来处理文件和目录，如表 8.2 所示。

表 8.2 os 模块的常用方法

方 法	功 能
os.chdir(path)	改变当前工作目录
os.close(fd)	关闭文件
os.curdir	返回当前目录
os.dup(fd)	复制文件
os.dup2(fd, fd2)	将一个文件复制到另一个文件
os.getcwd()	返回当前工作目录
os.listdir(path)	返回 path 指定的文件夹包含的文件或文件夹的名字的列表
os.makedirs(path[, mode])	创建多级目录的文件夹
os.mkdir(path[, mode])	创建一级目录名为 path 的文件夹
os.open(file, flags[, mode])	打开一个文件
os.path.abspath(path)	返回 path 规范化的绝对路径
os.path.basename(path)	返回 path 最后的文件名
os.path.isabs(path)	如果 path 是绝对路径，返回 True
os.path.exists(path)	如果 path 存在，返回 True，否则返回 False
os.path.isfile(path)	如果 path 是一个存在的文件，返回 True，否则返回 False
os.path.isdir(path)	如果 path 是一个存在的目录，返回 True，否则返回 False
os.remove(path)	删除路径为 path 的文件
os.removedirs(path)	递归删除目录，若目录为空，则删除，并递归到上一级目录，如若也为空，则删除
os.rename(src, dst)	重命名文件或目录
os.renames(old, new)	递归地对目录进行更名，也可以对文件进行更名
os.rmdir(path)	删除 path 指定的空目录，如果目录非空，则抛出一个 IOError 异常

os.path 模块是 os 模块的子模块，这个模块和文件路径相关，常用函数如表 8.3 所示。如果导入 os 模块时使用"from os import *"，在引用 os.path 模块函数时可以只写"path.

函数名"。

表 8.3　os.path 模块的常用方法

方　法	功　能
os.path.abspath(path)	返回 path 规范化的绝对路径
os.path.basename(path)	返回 path 最后的文件名
os.path.isabs(path)	如果 path 是绝对路径，返回 True
os.path.exists(path)	如果 path 存在，返回 True，否则返回 False
os.path.isfile(path)	如果 path 是一个存在的文件，返回 True，否则返回 False
os.path.isdir(path)	如果 path 是一个存在的目录，返回 True，否则返回 False

【例 8.8】文件的删除。

```
#example8.8
import os
文件='d:\\myfile.txt'
if os.path.exists(文件):
    os.remove(文件)
    print("文件删除成功！")
else:
    print("所要删除的文件不存在！")
```

将前面生成的文件"myfile.txt"复制到 D 盘的根目录，运行程序，运行结果如下。

```
>>>
================RESTART:C:/Users/python3.6/example8.9.py================
文件删除成功！
>>>
```

 说明

在例 8.8 中，首先调用 os 的子模块 path 中的 exists()函数来判断所删除的文件是否存在，如果存在则将其删除，否则提示所要删除的文件不存在。该例运行前复制了文件"myfile.txt"，因此可以删除，但若再次运行程序，由于文件已被删除，则会显示"所要删除的文件不存在！"。

8.4.2　相对路径和绝对路径

相对路径又称为当前路径，通常指程序文件所存放的路径。可以使用 os.getcwd()查看当前所在路径。当使用相对路径下的文件时可以不写文件目录，只给出文件名。要列出当前路径下的文件，则需要使用 os.listdir()，目录下的所有文件会存放在一个列表中。要改变当前目录可以使用 os.chdir(path)，其中的 path 指新路径。

绝对路径指从硬盘根目录开始引用，给出文件的完整路径。可以使用 os.path.abspath(path)返回 path 的绝对路径。要获取当前路径的绝对路径应该这样写 os.path.abspath("."), 其中的"."就表示当前路径。

【**例 8.9**】文件夹的创建和改变当前路径。

```
#example8.9
import os
根目录='D:\\test'
子目录='D:\\test\\python\\program'
if os.path.exists(根目录):
    print(根目录,'文件夹已存在')
else:
    os.mkdir(根目录)
    print('成功创建一级目录的文件夹')
if os.path.exists(子目录):
    print(子目录,'文件夹已存在')
else:
    os.makedirs(子目录)
    print('成功创建多级目录的文件夹')
os.chdir(子目录)
print("当前目录是",os.path.abspath("."))
```

程序运行结果如下。

```
>>>
===============RESTART:C:/Users/python3.6/example8.10.py===============
成功创建一级目录的文件夹
成功创建多级目录的文件夹
当前目录是 D:\test\python\program
>>>
```

说 明

在例 8.9 中，程序先调用 exits()函数判断 D 盘下是否有 test 文件夹，如果有则提示该文件夹已存在，否则调用 mkdir()函数创建 test 文件夹；创建多级文件夹时，同样先判断其是否存在，不存在才调用 makedirs()函数来创建。创建路径后，把最底层的子目录变成当前目录。程序运行结果的最后一行显示，当前目录已经改变。

8.4.3　分别处理路径的文件夹部分和文件名部分

函数 os.path.split(path)能够将路径分解为(文件夹,文件名)，返回的是元组类型。若路径字符串中不含文件名，则元组的第二个元素保存最底层文件夹名。

os.walk()函数是一个简单易用的文件、目录遍历器，可以高效处理文件、完整地访问目录树。遍历的结果会得到一个三元的元组。通常采用 for 循环的方式完成遍历，例如"for root, dirs, files in os.walk(path)"，其中"root"为起始路径，"dirs"为起始路径下的文件夹，"files"是起始路径下的文件。

接下来把上面例子创建的多级目录修改一下，为下一个例题做准备。先在 python 目录下，建立一个空文件夹 temp，然后在 program 文件夹中新建一个文本文件 a.txt，如图 8.4所示。下面编写一个程序，用来删除 test 目录中的空文件夹。

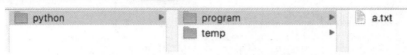

图 8.4　多级目录结构

【例 8.10】清理空文件夹。

```
#example8.10
import os
目录="d:/test"
for root, dirs, files in os.walk(目录):
    if not os.listdir(root):
        os.rmdir(root)
        print(root,"--被删除--")
```

程序运行结果如下。

```
>>>
================RESTART:C:/Users/python3.6/example8.10.py===============
temp --被删除--
>>>
```

 说 明

(1) 在例 8.10 中，使用 os.walk()函数遍历 test 文件夹，if 语句用来判断文件夹是否为空。

(2) 在例 8.10 中，通过 rmdir()函数删除文件夹，注意：rmdir()函数只能删除空的文件夹，如果删除非空的文件夹则会报错。

8.5　常见异常及异常处理

异常(Exception)是指程序运行时由于意外引发的错误。比如要打开一个文件，但文件不存在。或者需要一个数值型数据，但得到了一个字符型数据。如果不处理这些异常，程序就会终止并退出。Python 内置了一整套异常处理机制，异常处理就是要对程序发生的异常进行捕获，然后根据捕获的内容执行不同的操作。

8.5.1　Python 的常见异常

Python 中各种异常情况的出现是因为程序或命令中有错误，解释器终止了程序或命令的执行。下面列举一些常见的 Python 异常。

1. 除零错误(Zero Division Error)

除零错误是由于错误地将数值 0 作为除数引发的异常。

```
>>> 25/0
Traceback (most recent call last):
  File "<pyshell#10>", line 1, in <module>
```

```
25/0
ZeroDivisionError: division by zero
```

2. 变量名错误(Name Error)

变量名错误是由于命令或程序中访问的变量未经定义而直接使用造成的。

```
>>> print(numbers)
Traceback(most recent call last):
  File "<pyshell#11>", line 1, in <module>
    print(numbers)
NameError: name 'numbers' is not defined
```

3. 操作数类型错误(Type Error)

操作数类型错误主要是由于不符合表达式中运算符的运算规则或者函数参数类型错误造成的。

```
>>> "abc"+123
Traceback(most recent call last):
  File "<pyshell#12>", line 1, in <module>
    "abc"+123
TypeError: must be str, not int
>>> len(123456)
Traceback(most recent call last):
  File "<pyshell#17>", line 1, in <module>
    len(123456)
TypeError: object of type 'int' has no len()
```

4. 下标越界错误(Index Error)

下标越界错误是由于请求的索引下标超出了序列的范围而造成的异常。

```
>>> list1 = [1,2,3]
>>> list1[3]
Traceback(most recent call last):
  File "<pyshell#15>", line 1, in <module>
    list1[3]
IndexError: list index out of range
```

5. 打开文件错误(File Not Found Error)

打开文件错误是由于打开的文件不存在而引发的异常。

```
>>> fp = open("sample.txt","r+")
Traceback(mo st recent call last):
  File "<pyshell#18>", line 1, in <module>
    fp = open("sample.txt","r+")
FileNotFoundError: [Errno 2] No such file or directory: 'sample.txt'
```

6. 语法错误(Syntax Error)

语法错误是指程序代码中的语法错误。

```
>>> sorted("[8,5,9,12"])
SyntaxError: invalid syntax
```

除了上面列出的异常，还有很多其他类型的异常。提示信息给出的异常类型表明了发生异常的原因，也为处理程序异常提供了依据。

8.5.2　Python 的异常处理

Python 用 try…except 语句结构完成异常处理，通常会把可能出现异常的语句放在 try 代码块中，将错误处理器代码放置在 except 代码块中。

1．基本的 try…except 语句

try…except 语句是最基本的异常处理结构，语法格式如下。

```
try:
    <被检测的程序代码>
except <异常类型>:
    <异常处理的程序代码>
```

try 子句的代码段中包含可能出现异常的代码，except 子句用来捕获异常的类型并执行异常处理。如果 try 子句中被检测的程序代码有异常发生且被 except 子句通过异常类型捕获到，则执行 except 子句中的异常处理的程序代码；如果 try 子句中被检测的程序代码没有发生异常，则不执行 except 子句中的异常处理的程序代码，程序继续向下执行。

使用 try…except 语句处理异常，程序不会终止执行。下面通过一个实例进一步理解异常处理结构的用法。

【例 8.11】用 try…except 语句处理异常。

```
#example8.11 try…except 语句
a = [1,2,3,4,5]
try:
    print(a[5])
except IndexError:
    print("索引下标出界")
```

程序运行结果如下。

```
>>>
====================RESTART:C:\python\example9.1.py====================
索引下标出界
>>>
```

 说　明

(1) 在例 8.11 中，try 语句检测 print(a[5])语句是否出现异常，这里 a[5]是列表中不存在的元素，所以 except 语句捕获异常，错误类型为 IndexError，则执行语句 print("索引下标出界")。except 后面可以没有错误类型参数，这时 except 可以捕获所有异常，不分类型。

(2) 在例 8.11 中，增加了 try…except 的异常处理模块后，即使程序运行出错，程序代码也不会终止，这增强了代码的健壮性。

2. try…except…else 语句

try…except…else 语句可以看作是 try…except 语句的扩展，当 try 语句没有检测到异常时，执行 else 子句的代码，具体结构如下。

```
try:
    <被检测的程序代码>
except <异常类型>:
    <异常处理的程序代码>
else:
    <正常处理的程序代码>
```

【例 8.12】将例 8.11 稍作修改，增加 else 子句，查看运行结果。

```
#example8.12  try…except…else 语句
a = [1,2,3,4,5]
try:
    print(a[4])
except IndexError:
    print("索引下标出界")
else:
    print("程序无异常")
```

程序运行结果如下。

```
>>>
===================RESTART:C:\python\example9.2.py====================
5
程序无异常
>>>
```

 说 明

(1) 在例 8.12 中，try 语句检测 print(a[4])语句，结果没有出错，则不必由 except 语句捕获错误类型，直接执行 else 子句，执行语句 print("程序无异常")。

(2) 另外，在例 8.12 中，当 try 语句的错误类型与 except 语句的错误类型不符时，不执行 except 子句中的代码，也不执行 else 子句中的代码，而是终止程序，并将该异常显示给最终用户。

习   题

一、程序阅读

1. 阅读下面程序，写出程序的功能。

```
import string
fp=open('test1.txt')
a=fp.read()
fp.close()
```

```
fp=open('test2.txt')
b=fp.read()
fp.close()
fp=open('test3.txt','w')
l=list(a + b)
l.sort()
s=''
s=s.join(l)
fp.write(s)
print(s)
fp.close()
```

2. 运行下面程序，若输入字符串"this is a file"，请写出运行结果。

```
fp=open('test.txt','w')
string=input('please input a string:\n')
string=string.upper()
fp.write(string)
fp=open('test.txt','r')
print(fp.read())
fp.close()
```

二、程序设计

1. 从键盘输入一些字符，逐个写入文件中去，直到输入一个#为止。
2. 编写程序将一个文件的内容复制到另一个文件。

获取本章教学课件，请扫右侧二维码。

第 8 章 文件与异常处理.pptx

第 9 章　Python 类和对象

9.1　类　的　定　义

9.1.1　类的基本概念

9.1.mp4

类是人们对客观事物的高度抽象。抽象是指抓住事物的本质特性，找出事物之间的共性，并将具有共同特性的事物划分为一类，得到一个抽象的概念。以生产汽车为例，要制造一台汽车，不能从一个个具体的零件开始，而应该有一个整体的规划，一个完整的设计图。只有有了这份设计图和生产流程，才能够通过标准化的生产制造出很多相同的汽车。这样做既提高了生产效率，也保证了产品的质量和一致性。上面说的设计图和生产流程，就相当于程序设计中类的概念。而生产出的一辆辆汽车，就是具体的对象。

从上面的叙述可以看出，类的定义是为了程序设计的标准化。把一组对象的共同特性加以抽象并存储在一个类中的能力，是面向对象技术中最重要的一点；是否建立了一个丰富的类库，则是衡量一个程序设计语言成熟与否的重要标志。

9.1.2　类与对象的关系

类是对象的抽象，而对象是类的具体实例，在使用过程中，必须先定义类，然后才能用它来定义和使用对象。Python 的类具有所有面向对象程序设计语言的标准特征，而且具备 Python 特有的动态特点，即类在程序运行时创建，生成后都可以修改。

类是具有相同属性和操作行为的一组对象的集合。类和对象的关系是抽象与具体的关系，类的作用是定义对象，类给出了属于该类的全部对象的抽象定义，而对象则是类的具体化，是符合这种定义的一个类的实例。类还可以有子类和父类，子类通过对父类的继承形成层次结构。

9.1.3　类的定义

类是一种用户自定义的数据类型，是对具有共同属性和行为的一类事物的抽象描述，共同属性被描述为类中的数据成员，共同行为被描述为类中的成员函数。

Python 使用关键字 class 来定义类，并在类中定义属性(数据成员)和方法(成员函数),

格式如下。

```
class <类名>:
    <属性定义>
    <方法定义>
```

其中，class 为关键字，类名的首字母通常为大写字母。

【例 9.1】类的定义。

```
#example9.1
class Car:                              #声明类
    def __init__(self, 品牌,颜色,排量):  #类的构造函数
        self.品牌=品牌                    #初始化对象属性
        self.颜色=颜色
        self.排量=排量
    def 基本信息(self):                   #类的方法
        print('品牌:',self.品牌,'颜色:',self.颜色,'排量:',self.排量)
    def 启动(self):                      #类的方法
        print('点火',self.品牌,'汽车开始启动')
```

 说 明

(1) 在例 9.1 中，定义了一个类 Car，其中 "品牌" "颜色" 和 "排量" 为实例属性。所谓属性就是对类的某方面特征的描述。

(2) __init__()是类的构造函数，也称方法，与第 7 章讲的自定义函数用法相同，这里两端的下划线，是一种约定，以便与其他方法区别。__init__()在创建对象时系统自动调用，用于初始化实例属性(对象属性)。

(3) 形参 self 是 __init__()方法参数表的必不可少的第一个参数，表示所创建的对象自身，后面创建对象时不需要给 self 指定值。

(4) "基本信息()" 和 "启动()" 是另外两个方法，在方法中引用属性要使用 "self.品牌" 这样的形式。这里的方法只是一条简单的打印命令，在实际使用中，如果控制一台真正的汽车，那么 "启动()" 方法就会向汽车的发动机发出点火指令。

9.2 对象的创建

对象是现实世界中客观存在的某种事物，生活中的事、物和概念等都可以称为对象。对象既能表示结构化的数据，也能表示抽象的事件、规则及复杂的工程实体等。如自然界的交通工具汽车、火车、飞机等，自然界中的房屋建筑、山、水、人、动物等，也可以是生活中的一种逻辑结构或抽象概念，如部门、班级或体育比赛等。

9.2.1 创建对象

对象是类的实例，对象的创建过程也就是类的实例化过程。创建对象和调用函数类似，如果构造函数 __init__()声明有参数，则需要在创建时传入相应的参数；同时，创建对

象后还要把它赋给一个变量，使该变量指向对象。

【例 9.2】对象的创建。

```
#example9.2
class Car:                              #声明类
    def __init__(self, 品牌,颜色,排量): #类的构造函数
        self.品牌=品牌                   #初始化对象属性
        self.颜色=颜色
        self.排量=排量
    def 基本信息(self):                  #类的方法
        print('品牌:',self.品牌,'颜色:',self.颜色,'排量:',self.排量)
    def 启动(self):                     #类的方法
        print('点火',self.品牌,'汽车开始启动')
car1=Car('大众','黑色',1.6)
car1.基本信息()
car1.启动()
```

程序运行结果如下。

```
>>>
=================RESTART:C:\Users\python3.6\example9.2.py===============
品牌: 大众 颜色: 黑色 排量: 1.6
点火 大众 汽车开始启动
>>>
```

说　明

(1) 创建对象时需指定相应的参数，并将这些实参传递给构造函数中的形参。在例 9.2 中创建了一台大众品牌的黑色 1.6 排量的汽车，这个对象被存储在 car1 这个变量中。这里可以看出首字母大写的"Car"是类，"car1"是对象，很好区分。

(2) 可以通过"."来直接访问属性，比如 car1.颜色。也可以通过方法，间接访问属性。

(3) 调用类同样使用操作符"."来指明调用哪个对象的方法，如 car1.基本信息()，这种"."表示的从属关系很容易理解，方便了程序的阅读。

除了类的定义，还可以在程序的其他部分通过对象随时添加、修改或删除属性。

9.2.2　多个对象的创建

可以使用同一个类创建多个对象，这些对象具有相同的属性和方法，但具体的属性值不同。不同的对象通常保存在不同的变量里。下面的例子创建了两个对象。

【例 9.3】创建两个对象。

```
#example9.3
class Car:                              #声明类
    def __init__(self, 品牌,颜色,排量): #类的构造函数
        self.品牌=品牌                   #初始化对象属性
        self.颜色=颜色
        self.排量=排量
    def 基本信息(self):                  #类的方法
```

```
        print('品牌:',self.品牌,'颜色:',self.颜色,'排量:',self.排量)
    def 启动(self):              #类的方法
        print('点火',self.品牌,'汽车开始启动')
car1=Car('大众','黑色',1.6)
car2=Car('丰田','白色',1.4)
car1.基本信息()
car1.启动()
car2.基本信息()
car2.启动()
```

程序运行结果如下。

```
>>>
品牌：大众 颜色：黑色 排量： 1.6
点火 大众 汽车开始启动
品牌：丰田 颜色：白色 排量： 1.4
点火 丰田 汽车开始启动
>>>
```

说 明

(1) 例 9.3 创建了两个对象，car1 和 car2。它们有各自不同的属性，但可以使用相同的方法。

(2) 按照例 9.3 的做法，根据 Car 这个类，可以定义任意多个对象，每个对象保存在不同的变量中。

9.3 属性和方法

类由属性和方法组成，属性是对数据的封装，方法是对象所具有的行为，但是属性和方法在属于类时表现出的特征和其属于对象时表现出的特性是不同的；同时，属性和方法又可以分为公有的和私有的。在 Python 语言中，属性和方法的公有和私有是通过标识符的约定来区分的。

9.3.1 类属性的基本操作

1. 属性的默认值

前面例子定义了类的属性，但是定义的时候没有赋值。可以在定义属性时直接给出默认值，这样在创建对象时，这个参数的值就可以省略。下面的例子给 Car 类增加一个带默认值的属性"油表数"，默认值为 10，表示汽车初始状态油箱中有 10 升汽油。

【例 9.4】属性的默认值和直接修改默认值。

```
#example9.4
class Car:
    def _ _init_ _(self, 品牌,颜色,排量):
        self.品牌=品牌
```

```
            self.颜色=颜色
            self.排量=排量
            self.油表数=10            #带默认值的属性
        def 基本信息(self):
            print('品牌:',self.品牌,'颜色:',self.颜色,'排量:',self.排量)
        def 启动(self):
            print('点火',self.品牌,'汽车开始启动')
        def 剩余油量查询(self):
            print('汽车剩余油量',self.油表数,'升')
            if self.油表数<5:
                print('汽车快没油了，请尽快加油')
car1=Car('大众','黑色',1.6)
car1.剩余油量查询()
car1.油表数=3
car1.剩余油量查询()
```

程序运行结果如下。

```
>>>
================RESTART:C:/Users/python3.6/example9.4.py===============
=
汽车剩余油量 10 升
汽车剩余油量 3 升
汽车快没油了，请尽快加油
>>>
```

 说 明

(1) 在例 9.4 中，新增加的属性因为有初始值，并没有在__init__()函数的括号中出现，同时在初始化 car1 时也不需要给出油量表的值。

(2) 在例 9.4 中，可以使用“car1.油表数=3”这样的语句来改变属性值，再次调用“剩余油量查询()”方法，由于油量少于 5 升，会出现尽快加油的提示信息。

2. 用方法来修改属性值

除了直接修改属性值，还可以定义一个方法来修改属性值。下面来定义一个“加油()”方法，这样汽车每次加油只要调用这个方法就能方便地修改油表数。

【例9.5】定义方法修改属性值。

```
#example9.5
class Car:
    def __init__(self, 品牌,颜色,排量):
        self.品牌=品牌
        self.颜色=颜色
        self.排量=排量
        self.油表数=10            #带默认值的属性
    def 基本信息(self):
        print('品牌:',self.品牌,'颜色:',self.颜色,'排量:',self.排量)
    def 启动(self):
        print('点火',self.品牌,'汽车开始启动')
```

```
    def 剩余油量查询(self):
        print('汽车剩余油量',self.油表数,'升')
        if self.油表数<5:
            print('汽车快没油了，请尽快加油')
    def 加油(self,加油量):
        self.油表数+=加油量
car1=Car('大众','黑色',1.6)
car1.剩余油量查询()
car1.加油(30)
car1.剩余油量查询()
```

程序运行结果如下。

```
>>>
================RESTART:C:/Users/python3.6/example9.5.py===============
汽车剩余油量 10 升
汽车剩余油量 40 升
>>>
```

方法"加油()"多了一个"加油量"参数，调用时需要给出，这个值被累加到油表数中。汽车的油箱容量总是有限的，假设当前汽车的油箱容量是 50 升，想一想在"加油()"方法中增加什么样的命令，可以防止加油后汽油总量超过油箱的容量？

9.3.2 公有属性与私有属性

Python 的公有属性和私有属性通过属性命名来区分，如果属性名以两个下划线开头，则说明是私有属性，否则是公有属性。公有属性既可以在类内部访问，也可以在外部程序访问。私有属性在类的外部不能直接访问，需要调用类的方法来访问。私有属性的访问也可以通过如下形式进行：

```
<类(对象)名>.<_类名__私有属性名>
```

【例 9.6】公有属性和私有属性。

```
#example9.6
class Car:                        #声明类
    def __init__(self, 品牌):      #类的构造函数
        self.品牌=品牌             #初始化对象属性
        self.__生产厂='长春一汽'
    def 基本信息(self):            #类的方法
        print('品牌:',self.品牌,'生产厂:',self.__生产厂)
        # "self.__生产厂"也可以写成"car1._Car__生产厂"
car1=Car('大众')
car1.基本信息()
```

程序运行结果如下。

```
>>>
================RESTART:C:/Users/python3.6/example9.6.py===============
品牌: 大众 生产厂: 长春一汽
>>>
```

说 明

　　(1) 在例 9.6 中，Car 类有一个公有类属性"品牌"，可以通过类名直接访问 Car. 品牌，私有类属性"__生产厂"则需要通过方法"基本信息"访问。

　　(2) 在例 9.6 中，私有对象属性也可以通过特定方式访问"car1._Car__生产厂"。

9.3.3　对象方法

　　Python 方法可以分为公有方法、私有方法、类方法及静态方法。其中，公有方法和私有方法都属于对象，公有方法的定义无须特别说明，而私有方法在定义时，方法名要以两个下划线开头。

　　每个对象都有自己的公有方法和私有方法，下面的例题中定义的"__车速"这个方法就是一个私有方法。定义为私有方法，表示这个方法不希望直接被访问，可以通过"油门""刹车"两个公有方法来访问。当然私有方法也可以通过特殊的形式在对象中访问，但不提倡使用。

　　【例 9.7】公有方法和私有方法。

```
#example9.7
class Car:
    def __init__(self): #类的构造函数
        self.速度=0
    def 启动(self):
        print('汽车开始启动')
    def 油门(self):
        print('汽车开始加速')
        self.__车速(1)
    def 刹车(self):
        print('汽车减速，刹车灯亮起')
        self.__车速(-1)
    def __车速(self,加速):
        if self.速度>=0:
            self.速度+=加速
            print('汽车当前速度',self.速度)
car1=Car()
car1.启动()
car1.油门()
car1.油门()
car1.刹车()
```

程序运行结果如下。

```
>>>
================RESTART:C:/Users/python3.6/example9.7.py================
汽车开始启动
汽车开始加速
汽车当前速度 1
汽车开始加速
汽车当前速度 2
```

汽车减速，刹车灯亮起
汽车当前速度 1
>>>

说明

(1) 例 9.7 的类中定义了三个公有方法，即启动()、油门()和刹车()，公有方法通常使用对象名调用，如 car1.油门()。

(2) 例 9.7 的类中定义的__车速()为私有方法，通过对象的公有方法调用，如 car1.油门()，在"油门()"方法中传递参数"1"给"加速"。这样，每次调用油门，汽车的速度就增加"1"。

(3) 需要注意的是，速度这个属性不能为负，所以例 9.7 的程序中增加了 if 语句用来判断当前车速是否大于等于 0。

9.3.4　内置方法

Python 类有大量的内置方法，声明类时系统都会加上一些默认的内置方法，提供给系统在调用该类的对象时使用。这些内置方法是 Python 中用来扩展类的强有力的方式。表9.1 列出了比较常用的内置方法。

表 9.1　常用内置方法

内置方法	说　明
__init__(self,...)	初始化对象，在创建新对象时调用
__del__(self)	释放对象，在对象被删除之前调用
__new__(cls,*args,**kwd)	实例的生成操作
__str__(self)	在使用 print 语句时被调用
__getitem__(self,key)	获取序列的索引 key 对应的值，等价于 seq[key]
__len__(self)	在调用内联函数 len()时被调用
__cmp__(stc,dst)	比较两个对象 src 和 dst
__getattr__(s,name)	获取属性的值
__setattr__(s,name,value)	设置属性的值
__delattr__(s,name)	删除 name 属性
__getattribute__()	__getattribute__()的功能与__getattr__()类似
__gt__(self,other)	判断 self 对象是否大于 other 对象
__lt__(slef,other)	判断 self 对象是否小于 other 对象
__ge__(slef,other)	判断 self 对象是否大于或者等于 other 对象
__le__(slef,other)	判断 self 对象是否小于或者等于 other 对象
__eq__(slef,other)	判断 self 对象是否等于 other 对象
__call__(self,*args)	把实例对象作为函数调用

1. __init__()方法

　　__init__()方法是 Python 类的一种特殊方法，也称构造函数，当创建对象时系统自动调用，用来为对象分配内存并且为属性进行初始化。用户可以自己设计构造函数，如果没有设计，Python 将提供一个默认的构造函数用来进行初始化工作。

　　【例9.8】构造函数。

```
#example9.8
class Person:
    def __init__(self, 姓名,性别,年龄):
        self.姓名=姓名
        self.性别=性别
        self.年龄=年龄
p1=Person('关羽','男',35)
print('姓名:',p1.姓名,'性别:',p1.性别,'年龄:',p1.年龄)
```

程序运行结果如下。

```
>>>
=================RESTART:C:/Users/python3.6/example9.8.py=============
姓名：关羽 性别：男 年龄：35
>>>
```

　　说　明

　　例 9.8 中的构造函数__init__()用于初始化属性姓名、性别和年龄，创建对象时由系统自动调用。

2. __del__()方法

　　__del__()方法也称析构函数，用来释放对象占用的存储空间，在 Python 删除对象和回收对象存储空间时被调用和执行。如果用户没有编写析构函数，Python 将提供一个默认的析构函数。

　　【例9.9】析构函数。

```
#example9.9
class Person:
    def __init__(self, 姓名,性别,年龄):
        self.姓名=姓名
        self.性别=性别
        self.年龄=年龄
    def __del__(self):
        print('调用析构函数,删除对象。')
p1=Person('关羽','男',35)
print('姓名:',p1.姓名,'性别:',p1.性别,'年龄:',p1.年龄)
del p1
```

程序运行结果如下。

```
>>>
================RESTART:C:/Users/python3.6/example9.9.py===============
姓名: 关羽 性别: 男 年龄: 35
调用析构函数,删除对象。
>>>
```

例 9.9 中的析构函数__del__()由用户自己定义,当使用 del 删除对象 p1 时,p1 会被删除并释放存储空间。

9.4 继　承

继承就是让新建类和原有类之间产生父子关系,子类可以拥有父类的属性和方法。有了继承机制,就可以在已有类的基础上添加新的成员构成新的类,从而提供了定义类的另一种方法。Python 提供了类的继承机制,解决了代码的重用问题。

继承是由一个已有类创建一个新类的过程。已有类称为基类或父类,新类称为派生类或子类。派生类从基类继承基类的成员,并根据需要添加新的成员,或对原有的成员进行改写,以适应新类的需求。继承可以帮助人们描述现实世界的层次关系,也可以精确地描述事物及理解事物的本质,是人们理解现实世界、解决实际问题的重要方法。

派生类也可以作为其他类的基类被新的类继承,从一个基类派生出来的多层类就形成了类的层次结构。

图 9.1 反映了交通工具之间的层次结构。最高层的类往往具有最一般、最普遍的特征,越下层的类越具体,并且下层包含了上层的特征。它们之间的关系是基类与派生类之间的关系。

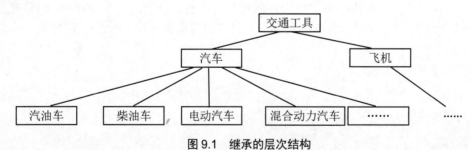

图 9.1　继承的层次结构

9.4.1　派生类的定义

派生类的定义格式如下。

```
class <派生类名>(<基类名>):
def __init__(self[,<参数>]):
    <基类类名>.__init__(self[,<参数>])
    <新增属性定义>
```

定义派生类时必须指定基类类名，通常在定义类时都会包含__init__()构造函数，因此在派生类中也应该先定义派生类的构造函数。由于基类的构造函数不会被自动调用，所以在派生类的构造函数中要先调用基类的构造函数，并传给必要的参数，用于初始化基类的属性，然后再通过赋值语句初始化派生类中新增加的属性成员。

【例 9.10】派生类的定义。

```
#example9.10
class Car:
    def __init__(self, 品牌,颜色,排量):
        self.品牌=品牌
        self.颜色=颜色
        self.排量=排量
    def 基本信息(self):
        print('品牌:',self.品牌,'颜色:',self.颜色,'排量:',self.排量)
    def 启动(self):
        print('点火',self.品牌,'汽车开始启动')
class HybridCar(Car):
    def __init__(self, 品牌,颜色,排量):
        Car.__init__(self, 品牌,颜色,排量)
hcar=HybridCar('比亚迪','白色',2.0)
hcar.基本信息()
```

程序运行结果如下。

```
>>>
===============RESTART:C:/Users/python3.6/example9.10.py===============
品牌: 比亚迪 颜色: 白色 排量: 2.0
>>>
```

(1) 例 9.10 中 Car 为基类，HybridCar 为派生类，基类的定义必须在派生类之前，派生类的构造函数__init__()负责调用基类构造函数。

(2) 派生类在定义时必须在括号中写出基类名，例 9.10 程序后面创建了一个 hcar 对象，通过程序结果可以看出，hcar 具有 Car 类的所有属性和方法。

9.4.2　派生类定义新属性和方法

派生类除了继承基类的属性方法之外，也可以定义自己的属性和方法。下面修改例9.10 中的 HybridCar 类，让它拥有自己的属性和方法。

【例 9.11】子类的属性和方法。

```
#example9.11
class Car:
    def __init__(self, 品牌,颜色,排量):
        self.品牌=品牌
        self.颜色=颜色
        self.排量=排量
```

```
    def 基本信息(self):
        print('品牌:',self.品牌,'颜色:',self.颜色,'排量:',self.排量)
    def 启动(self):
        print('点火',self.品牌,'汽车开始启动')
class HybridCar(Car):
    def _ _init_ _(self, 品牌,颜色,排量):
        super()._ _init_ _(品牌,颜色,排量)
        self.剩余电量=20
    def 当前电量(self):
        print('当前剩余电量',self.剩余电量,'kWh')
hcar=HybridCar('比亚迪','白色',2.0)
hcar.基本信息()
hcar.当前电量()
```

程序运行结果如下。

```
>>>
============= RESTART: C:/Users/python3.6/example9.11.py =============
品牌: 比亚迪 颜色: 白色 排量: 2.0
当前剩余电量 20 kWh
>>>
```

 说 明

(1) 例 9.11 中 HybridCar 子类定义了一个新属性"剩余电量",因为混合动力车的电池电量是一个重要指标,同时定义了一个新方法"当前电量"用来显示剩余电量值。

(2) 例 9.11 使用 super()内置函数来调用基类中的方法,当基类的名称改变或者派生类改为继承其他类时,只需修改派生类继承基类的名称即可。这样既将代码的维护量降到最低,又提高了程序开发周期。

9.4.3 派生类成员的构成

派生类中的属性和方法包括从基类继承的属性和方法、在派生类中新增加的属性和方法两部分。从基类继承的属性和方法体现了派生类和基类的共性,而新增加的属性和方法则体现了派生类的个性。

派生类新增加的属性和方法既体现了派生类和基类的不同,也体现了不同派生类之间的区别。派生类成员对象包括两个部分:一部分是基类成员,另一部分是派生类成员。

派生类在构造的过程,根据实际需求可以分成以下三部分。

1. 继承基类的属性和方法

基类的全部成员,包括所有属性和方法,都被派生类继承,作为派生类成员的一部分。

这种继承方式可能会产生数据冗余现象,有些基类的属性和方法虽然继承过来,但是在派生类中却用不到。尤其是在多次派生后,许多派生类对象会存在大量无用的数据,不仅浪费了大量空间,而且在对象的建立、赋值、复制和参数的传递中花费了很多无谓的时间,也降低了效率。由于这种现象的存在,在构造派生类时就需要慎重选择基类,使派生类有更合理的结构,从而保证数据冗余量最小。

2. 修改基类属性和方法

基类的属性和方法不能有选择地继承，但是可以对这些属性和方法进行调整。最简单的方式，是通过在派生类中定义新属性和新方法来取代基类中的属性和方法。可以在派生类中声明一个与基类同名的属性、方法，这样在派生类中的新属性和新方法将会覆盖基类的同名属性和方法。需要注意的是，如果重新定义方法，不仅方法名要相同，而且方法的参数表也要相同，否则方法即为重载而不是覆盖了。

3. 定义新增属性和方法

在派生类中增加新的属性和方法，体现了派生类对基类功能的扩展。这些新的属性和方法使派生类具有更具体的功能和参数，在定义时需仔细考虑，精心设计。

9.4.4　多继承

前面介绍的继承是一个派生类从一个基类继承而来，称为单继承。Python 同时支持多继承(multiple inheritance)，即一个派生类有两个或多个基类，派生类从两个或多个基类中继承所有的属性和方法。如学生助教同时具有学生和教师的特征；苹果梨是苹果和梨的嫁接产物，具有两者的属性。

【例 9.12】多继承。

```
#example9.12
class Student():                        #基类 Student
    def __init__(self,学号,姓名):
        self.学号=学号
        self.姓名=姓名
class Teacher():                        #基类 Teacher
    def __init__(self,职称,课程):
        self.职称=职称
        self.课程=课程
    def 课程信息(self):
        print("课程:",self.课程)
class Assistant(Student,Teacher):       #派生类 Assistant
    def __init__(self,学号,姓名,职称,课程):
        Student.__init__(self,学号,姓名)
        Teacher.__init__(self,职称,课程)
        self.空闲时间="周三"
    def 基本信息(self):
        super(Assistant,self).课程信息()
        print('助教',self.姓名,'空闲时间',self.空闲时间)
学生助教1=Assistant('20191304','李明','助教','程序设计')
学生助教1.基本信息()
```

程序运行结果如下。

```
>>>
================RESTART:C:/Users/python3.6/example7.14.py===============
课程: 程序设计
助教 李明 空闲时间 周三
>>>
```

说 明

(1) 例 9.12 定义两个基类 Student 和 Teacher，分别表示学生类和教师类。

(2) 在例 9.12 中，Assistant 类是派生类，继承两个基类 Student 和 Teacher，用来表示学生助教这个特殊群体，因此属于多继承产生的派生类。该派生类新增了属性"空闲时间"，又定义了自己的构造函数和"基本信息()"方法。

(3) 在多继承时，派生类需要继承两个基类的所有属性，同时也可以继承基类的所有方法。例 9.12 通过 super()函数继承方法。注意，如果多个基类中包含同名方法会比较麻烦，很有可能出现某些基类的方法被多次调用，而某些基类的方法一次都没有调用的情况，需要避免出现这种情况。

9.5 重 载

所谓重载，就是多个相同名字的方法，属于不同的类，根据传入的参数个数、参数类型而执行不同的功能。方法重载实质上是由类的多态性决定的。多态性与继承和封装构成了面向对象技术的三大特性。所谓多态是指基类的同一个方法在不同派生类中具有不同的表现和行为。Python 通过方法重载和运算符重载两种方式实现多态性。

9.5.1 方法重载

方法重载就是在派生类中使用与基类完全相同的方法名，从而重载基类的方法。

【例 9.13】方法重载。

```
#example9.13
class Animal():      #基类 Animal
    def display(self):
        print('这是动物类')
class Dog(Animal):  #派生类 Dog
    def display(self):   #方法重写
        print('这是狗类')
class Cat(Animal):  #派生类 Cat
    def display(self):   #方法重写
        print('这是猫类')
class Pig(Animal):  #派生类 Pig
    def display(self):   #方法重写
        print('这是猪类')

x=[item() for item in (Animal,Dog,Cat,Pig)]
for item in x:
    item.display()
```

程序运行结果如下。

```
>>>
================RESTART:C:/Users/python3.6/example7.15.py================
这是动物类
```

```
这是狗类
这是猫类
这是猪类
>>>
```

例 9.13 定义了基类 Animal，三个派生类 Dog、Cat 和 Pig 均继承于基类 Animal，每个派生类中都重新定义了用于显示信息的方法 display()，而这些派生类中的方法都覆盖了基类中的方法 display()，有各自的内容。

9.5.2　运算符重载

Python 语言提供了运算符重载功能，可对已有的运算符进行重新定义，并赋予其新的运算功能。在 Python 中，除了构造函数和析构函数，还有大量内置的特殊方法，运算符重载就是通过重写这些内置方法来实现的。这些特殊方法都是以双下划线开头和结尾的，Python 通过这种特殊的命名方式来拦截操作符，以实现重载。

类可以重载加减运算、打印、函数调用、索引等内置运算，如表 9.2 所示。

表 9.2　Python 类的特殊方法

方　法	重　载	调　用
__init__	构造函数	对象建立：X = Class(args)
__del__	析构函数	X 对象收回
__add__	运算符+	如果没有_iadd_,X+Y,X+=Y
__or__	运算符|(位 OR)	如果没有_ior_,X|Y,X|=Y
__repr__,__str__	打印、转换	print(X)、repr(X),str(X)
__call__	函数调用	X(*args,**kargs)
__getattr__	点号运算	X.undefined
__setattr__	属性赋值语句	X.any = value
__delattr__	属性删除	del X.any
__getattribute__	属性获取	X.any
__getitem__	索引运算	X[key],X[i:j],没__iter__时的 for 循环和其他迭代器
__setitem__	索引赋值语句	X[key] = value,X[i:j] = sequence
__delitem__	索引和分片删除	del X[key],del X[i:j]
__len__	长度	len(X),如果没有__bool__,真值测试
__bool__	布尔测试	bool(X),真测试
__lt__,__gt__,	特定的比较	X < Y,X > Y
__le__,__ge__,		X<=Y,X >= Y

续表

方 法	重 载	调 用
__eq__,__ne__		X == Y,X != Y
__radd__	右侧加法	Other+X
__iadd__	实地(增强的)加法	X += Y (or else __add__)
__iter__,__next__	迭代环境	I = iter(X),next(I)
__contains__	成员关系测试	item in X (任何可迭代的)
__index__	整数值	hex(X),bin(X),oct(X),O[X],O[X:]
__enter__,__exit__	环境管理器	with obj as var:
__get__,__set__	描述符属性	X.attr,X.attr = value,del X.attr
__new__	创建	在__init__之前创建对象

【例 9.14】运算符重载。

```
#example9.14
class Number():
    def __init__(self,a,b):
        self.a=a
        self.b=b
    def __add__(self,x):      #重载+
        return Number(self.a+x.a,self.b+x.b)
    def __sub__(self,x):      #重载-
        return Number(self.a-x.a,self.b-x.b)

n1=Number(10,20)
n2=Number(100,200)
m=n1+n2
p=n2-n1
print(m.a,m.b)
print(p.a,p.b)
```

程序运行结果如下。

```
>>>
================RESTART:C:/Users/python3.6/example7.16.py================
110 220
90 180
>>>
```

 说明

例 9.14 重载了 add()和 sub()两个特殊方法,功能是实现对 Number 类的两个参数分别进行加减。当对象进行"+"或"-"运算时,则直接调用重载的方法进行运算。

习　题

一、填空题

1. Python 使用_____关键字来定义类。

2. 在 Python 中，不论类的名字是什么，构造方法的名字都是_____。

3. 如果在设计一个类时实现了 contains ()方法，那么该类的对象会自动支持_____运算符。

4. 类的实例方法必须创建_____后才可以调用。

二、判断题

1. 类是对象的抽象，而对象是类的具体实例。　　　　　　　　　　　（　　）

2. 在一个软件的设计与开发中，所有类名、函数名、变量名都应该遵循统一的风格和规范。　　　　　　　　　　　　　　　　　　　　　　　　　　　　（　　）

3. 定义类时，所有实例方法的第一个参数用来表示对象本身，在类的外部通过对象名来调用实例方法时不需要为该参数传值。　　　　　　　　　　　　　　（　　）

4. 在面向对象程序设计中，函数和方法是完全一样的，都必须为所有参数进行传值。
　　　　　　　　　　　　　　　　　　　　　　　　　　　　　　　（　　）

5. Python 中没有严格意义上的私有成员。　　　　　　　　　　　　（　　）

6. 在 Python 中可以为自定义类的对象动态增加新成员。　　　　　　（　　）

7. 对于 Python 类中的私有成员，可以通过"对象名.类名_私有成员名"的方式来访问。　　　　　　　　　　　　　　　　　　　　　　　　　　　　　（　　）

8. 在派生类中可以通过"基类名.方法名()"的方式来调用基类中的方法。（　　）

9. Python 类不支持多继承。　　　　　　　　　　　　　　　　　　（　　）

10. 在 Python 中定义类时，实例方法的第一个参数名称必须是 self。　（　　）

11. 通过对象不能调用类方法和静态方法。　　　　　　　　　　　　（　　）

获取本章教学课件，请扫右侧二维码。

第 9 章 Python 类和对象.pptx

第 10 章　Python 高级应用

学习目标

- 了解图形用户界面编程的基本概念
- 掌握 tkinter 模块基本组件的用法
- 了解 HTML 文件和网络爬虫的基本概念
- 学会利用 requests 库获取网页文件、利用 BeautifulSoap4 库解析网页
- 了解 Python 数据可视化库 Matplotlib 的使用方法

10.1　图形用户界面编程

图形用户界面编程，英文缩写为 GUI(graphical user interface)，是指采用图形方式显示的计算机操作用户界面。以 Windows 为代表的现代操作系统，提供图形操作界面，有效降低了计算机的使用门槛，提高了计算机的使用效率。大多数程序设计语言都支持 GUI 的程序开发，与其他程序设计语言相比，Python 可以非常快速、简单地实现 GUI 编程，具有非常高的效率。

10.1.1　tkinter 模块入门

tkinter 是 Python 自带的标准库，可以利用 tkinter 创建简单的 GUI 应用程序。由于 tkinter 是内置到 Python 的安装包，可以直接通过 import 导入 tkinter 模块，使用起来非常方便。对于创建简单的图形界面，tkinter 是很好的选择。

1. 使用 tkinter 进行 GUI 编程的基本步骤

使用 tkinter 创建一个 GUI 应用程序并不复杂，主要包括以下几个步骤。

(1)　导入 tkinter 模块。

```
import tkinter 或者 from tkinter import *
```

(2)　创建 GUI 应用程序的顶层主窗口，用于容纳程序其他可能需要的组件(widget)。tkinter.Tk()返回的窗口是顶层窗口，一般命名为 root 或者 top。顶层窗口只能创建一次，并且在其他窗口创建之前创建。通常写成如下代码。

```
top = tkinter.Tk()
```

(3)　在主窗口内创建其他组件，例如标签(Label)、按钮(Button)、输入框(Entry)、框架(Frame)、菜单(Menu)、滚动条(Scrollbar)等。组件既可以是独立的，也可以作为容器存在，容器中可以包含其他组件组成的一个整体。下面的代码在主窗口中创建一个简单的标签，在标签上显示"我是标签"。

```
label1 = tkinter.Label(top,text='我是标签')
```

(4)　将这些 GUI 模块与底层代码进行连接。将组件在窗口中显示并实现布局，最简单的布局用 pack()方法实现，grid()方法和 place()方法可以实现更复杂的布局。例如，对于上面创建的标签实例 label1，使用如下命令在主窗口显示并简单布局。

```
label1.pack()
```

(5)　进入主事件循环，响应由用户触发的事件。组件会有一定的行为和动作，如按钮被按下、进度条被拖动、文本框被写入等。这些用户行为称为"事件"，用户的操作产生事件，然后相应的程序代码被执行，整个过程被称为事件驱动。需要定义事件函数来封装事件代码，窗口处于循环等待状态时，由事件引发函数执行完成某种功能。Mainloop()方法最后执行，进入等待状态，准备响应用户发起的 GUI 事件，写法如下。

```
top.mainloop()
```

将上面 5 个步骤中的交互命令按照顺序合成，就可以组成一个简单的 GUI 程序。

【例 10.1】第一个窗口程序。

```
#example10.1
import tkinter
top =tkinter.Tk()
标签1 = tkinter.Label(top,text='这是标签!')
标签1.pack()
top.mainloop()
```

程序运行结果如图 10.1 所示。

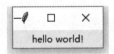

图 10.1　第一个 GUI 程序

 说　明

(1)　在例 10.1 中，Tk 是模块 tkinter 的类，top 是 Tk 的实例，top 是最上层的组件，代表顶层窗口，其他组件都放在 top 内。

(2)　在例 10.1 中，"标签 1"是类 Label 的实例，top 是标签所在的上层组件名，Label1 放置在顶层窗口 top 内，text 参数用于在标签上显示文字。

(3)　在例 10.1 中，调用"标签 1"的 pack()方法将"标签 1"在 top 内布局，最后利用top 的 mainloop()方法实现主事件循环。

2. 窗口基本属性

在利用 tkinter 模块进行 GUI 编程时，首先要解决的就是窗口的大小、位置和颜色等问题，下面就来一一讲解。

1)　尺寸

对于组件的大小，如果尺寸为整数，默认以像素为单位。长度、宽度的尺寸也可以用其他的单位描述，如表 10.1 所示。

表 10.1 尺寸单位

字 符	含 义
c	厘米
i	英寸
m	毫米
p	打印机的点(1/27 英寸)

2) 颜色

tkinter 中的颜色有两种不同的表示方法。

(1) 使用一个十六进制字符串表示颜色，该字符串指定红色、绿色和蓝色的比例。例如，"#FFFFFF"是白色，"#000000"是黑色，"#008000"是纯绿色，"#00FFFF"是青色。

(2) 使用本地系统定义的标准颜色名称，如"white""black""red""green""blue""yellow"等。

3) 窗口大小及位置

设置顶层窗口的大小及位置可以使用函数 geometry()，函数的参数一般形式为：'wxh±x±y'。w 和 h 是以像素表达的窗口的宽度和高度，w 和 h 之间的是字符 x，作为二者之间的分隔符，注意不是叉号，也不是星号。+x 代表窗口左边距离桌面左边的像素点距离，-x 代表窗口右边距离桌面右边的像素点距离；+y 代表窗口顶端距离桌面顶边的像素点距离，-y 代表窗口底端距离桌面底边的像素点距离。如下面代码。

```
top.geometry('400x300+150+200 ')
```

上面代码的含义为：定义一个 400 像素宽、300 像素高的窗口，窗口距离屏幕左侧 150 像素，距离屏幕顶端 200 像素。

3. 组件布局

组件布局(layout)就是在窗口内安排组件位置的方法。在 tkinter 中，有三种安排组件布局的方法：pack 布局、grid 布局和 place 布局。需要注意的是，这三种布局方法在同一个窗口中不可以混用。

1) pack 布局

pack 布局根据组件创建生成的顺序将组件添加到父组件中，pack 布局通过 pack()函数实现，通过设置相同的锚点(anchor)可以将组件紧挨一个位置放置，如果不指定任何选项，默认在父窗体中自顶向下添加组件，pack()函数自动为组件分配一个合适的位置和大小。

使用 pack()函数进行布局的格式如下。

```
<组件>.pack([参数列表], …)
```

【例 10.2】新建程序，验证 tkinter 的 pack 布局。

```
#example10.2 pack 布局示例
import tkinter
```

```
top = tkinter.Tk()
top.geometry('320x120+0+0')                    #指定主窗口的大小
label1 = tkinter.Label(top, text="北京")
label2 = tkinter.Label(top, text="上海")
label3 = tkinter.Label(top, text="广州")
label4 = tkinter.Label(top, text="深圳")
label1.pack(side='left',fill='both')
label2.pack(side='right',fill='both',padx=5,pady=3)
label3.pack(side='top',fill='x',expand='yes',anchor='n')
label4.pack(side='bottom',expand='yes',anchor='s')
top.mainloop()
```

程序运行结果如图 10.2 所示。

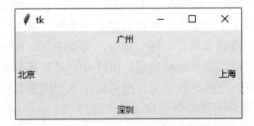

图 10.2 例 10.2 运行结果

pack()函数的可选参数列表如表 10.2 所示。

表 10.2 pack()函数的可选参数列表

参数名称	描　　述	取值范围
side	指定组件停靠在父组件的哪一方向	top(默认值),bottom,left,right
fill	指定水平(x)或垂直(y)方向填充 当属性 side 为 top 或 bottom 时，填充 x 方向 当属性 side 为 left 或 right 时，填充 y 方向 当 expand 选项为 yes 时，填充父组件的剩余空间	x,y,both,none
expand	当值为 yes 时，side 选项无效，组件显示在父组件中心位置；若 fill 选项为 both，则填充父组件的剩余空间	yes,no,自然数,0
anchor	指定对齐方式：左对齐 w，右对齐 e，顶对齐 n，底对齐 s	n,s,w,e,nw,sw,se,ne,center (默认值)
ipadx, ipady	组件内部在 x(y)方向上填充的空间大小，默认单位为像素，可选单位为 c(厘米)、m(毫米)、i(英寸)、p(打印机的点，即 1/27 英寸)	非负浮点数 (默认值为 0.0)
padx, pady	组件外部在 x(y)方向上填充的空间大小，默认单位为像素，可选单位为 c(厘米)、m(毫米)、i(英寸)、p(打印机的点，即 1/27 英寸)	非负浮点数 (默认值为 0.0)

续表

参数名称	描　述	取值范围
before	将本组件于所选组件对象之前 pack，类似于先创建本组件再创建选定组件	已经 pack 后的组件对象
after	将本组件于所选组件对象之后 pack，类似于先创建选定组件再创建本组件	已经 pack 后的组件对象
in	将本组件作为所选组件对象的子组件，类似于指定本组件的 master 为选定组件	已经 pack 后的组件对象

2)　grid 布局

grid 布局采用类似表格的结构组织组件，grid 布局通过 grid()函数实现。grid 采用行列确定位置，行列交汇处为一个单元格。可以连接若干个单元格为一个更大空间，这一操作被称作跨越。创建的单元格必须相邻。每一列中，列宽由这一列中最宽的单元格确定。每一行中，行高由这一行中最高的单元格确定。组件并不是充满整个单元格，可以指定单元格中剩余空间的使用。可以空出这些空间，也可以在水平或竖直或两个方向上填满这些空间。用 grid()设计对话框和带有滚动条的窗体效果最好。

使用 grid()函数进行布局的格式如下。

```
<组件>.grid([参数列表],…)
```

【例 10.3】新建程序，验证 tkinter 的 grid 布局。

```
#example10.3  pack 布局示例
import tkinter
top = tkinter.Tk()
top.geometry('420x180+0+0')      #指定主窗口的大小
label1 = tkinter.Label(top, text="北京")
label2 = tkinter.Label(top, text="上海")
label3 = tkinter.Label(top, text="广州")
label4 = tkinter.Label(top, text="深圳")
label5 = tkinter.Label(top, text='成都')
label6 = tkinter.Label(top, text='重庆')
label7 = tkinter.Label(top, text='武汉')
label8 = tkinter.Label(top, text='南京')
label1.grid(row=0,column=0,padx=50,pady=10)
label2.grid(row=0,column=1)
label3.grid(row=1,column=1,padx=50,pady=10)
label4.grid(row=1,column=2)
label5.grid(row=2,column=2)
label6.grid(row=2,column=3)
label7.grid(row=2,column=4)
label8.grid(row=2,column=5)
top.mainloop()
```

程序运行结果如图 10.3 所示。

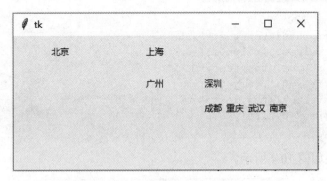

图 10.3　例 10.3 运行结果

grid()函数的可选参数列表如表 10.3 所示。

表 10.3　grid()函数的可选参数列表

名　称	描　述	取值范围
row	组件所置单元格的行号	自然数(起始默认值为 0)
column	组件所置单元格的列号	自然数(起始默认值为 0)
rowspan	从组件所置单元格算起在行方向上的跨度	自然数(起始默认值为 0)
columnspan	从组件所置单元格算起在列方向上的跨度	自然数(起始默认值为 0)
ipadx,ipady	组件内部在 x(y)方向上填充的空间大小，默认单位为像素，可选单位为 c(厘米)、m(毫米)、i(英寸)、p(打印机的点，即 1/27 英寸)	非负浮点数 (默认值为 0.0)
padx,pady	组件外部在 x(y)方向上填充的空间大小，默认单位为像素，可选单位为 c(厘米)、m(毫米)、i(英寸)、p(打印机的点，即 1/27 英寸)	非负浮点数 (默认值为 0.0)
in_	将本组件作为所选组件对象的子组件，类似于指定本组件的 master 为选定组件	已经 pack 后的组件对象
sticky	组件紧靠所在单元格的某一边角	N,s,w,e,nw,sw,se,ne,center 默认为 center

3)　place 布局

place()直接使用位置坐标来布局，可用于更精细、更复杂的位置控制。place 布局可以显式指定控件的绝对位置或相对于其他控件的位置。要使用 place 布局，调用相应控件的 place()方法就可以了。所有 tkinter 的标准控件都可以调用 place()。

place()方法中的位置参数既可以使用绝对坐标，也可以使用相对坐标。例如 place(x=0,y=0)表示组件摆放在窗口左上角，坐标为(0，0)；而 place(relx=0.1,rely=0.3)表示组件摆放位置占窗口比例，距离左侧 1/10，距离顶端 3/10。

【例 10.4】新建程序，验证 tkinter 的 place 布局。

```
#example10.4
import tkinter
top=tkinter.Tk()
```

```
top.geometry('320x240')
标签 1=tkinter.Label(top,text="北京")
标签 1.place(relx=0.1,rely=0.3)
标签 2=tkinter.Label(top,text="上海")
标签 2.place(relx=0.1,rely=0.5)
标签 3=tkinter.Label(top,text="人口2153.6万人")
标签 3.place(relx=0.2,rely=0.3)
top.mainloop()
```

程序运行结果如图 10.4 所示。

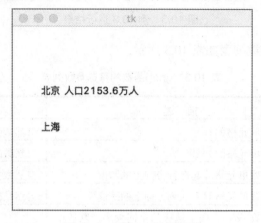

图 10.4　例 10.4 运行结果

10.1.2　tkinter 常用组件

tkinter 提供的各种组件在一个 GUI 应用程序中使用，下面列出的组件，是在制作程序窗口时使用最普遍的几个。

1. 标签(Label)组件

标签组件是最简单的组件，用来在窗口中显示字符信息，在前面的介绍中已经使用过标签组件。标签组件的格式如下。

```
<标签组件名>= tkinter.Label(<父组件>,[参数列表],…)
```

标签组件名是类 Label 的实例，如 label1，父组件是上层组件名，通常为窗口名 top，创建一个标签组件 label1，并在适当位置显示文本或图像信息，"参数列表"包含显示信息的内容和方式。

例如，label1=tkinter.Label(top,text='Hello,Python!')将在上层组件 top(顶层窗口)内创建一个标签组件 label1。标签组件除了用来显示文本信息外，还可以用来显示图像。下面的例子将给出用标签显示图像的方法。

【例 10.5】图像标签。

```
#example10.5  图像标签示例
import tkinter
root = tkinter.Tk()
root.geometry('300x100+0+0')
```

```
root.wm_title('标签组件示例')
x = tkinter.PhotoImage(file='21.gif')
label1 = tkinter.Label(root,image=x,height=122,width=372,relief='ridge')
label1.pack()
root.mainloop()
```

程序运行结果如图 10.5 所示。

图 10.5　图像标签示例运行结果

在例 10.5 中，图片文件 21.gif 必须与程序文件保存在同一目录下。

标签组件的参数选项如表 10.4 所示。

表 10.4　标签组件的参数说明

参　　数	说　　明
text	标签内要显示的文字，多行以'\n'分隔
width	标签的宽度，显示文本，以单个字符大小为单位；显示图像，以像素为单位
height	标签的高度，显示文本，以单个字符大小为单位；显示图像，以像素为单位
anchor	文本或图像在背景内容区的位置：n(north),s(south),w(west),e(east),还有ne,nw,sw,se,center(默认值)，表示：上北下南左西右东
background(bg)	指定背景颜色，默认值跟随系统
relief	边框样式：flat(默认)/sunken/raised/groove/ridge
borderwidth(bd)	边框的宽度，单位是像素
font	指定字体和字体大小，font = (font_name,size)
justify	指定文本对齐方式：center(默认)/left/right
foreground(fg)	指定文本(或图像)颜色
underline	单个字符添加下划线
bitmap	指定标签上显示的位图
Image	指定标签上显示的图像
compound	文本和图像的位置关系。None(默认值)：显示图像不显示文本；bottom、top、left、right：图片显示在文本的下、上、左、右；center：文本显示在图片中心上方
activebacakground	设置 Label 处于活动(active)状态下的背景颜色，默认由系统指定
activeforground	设置 Label 处于活动(active)状态下的前景颜色，默认由系统指定

续表

参　数	说　明
diableforground	指定 Label 在不可用状态(Disable)下的前景颜色，默认由系统指定
cursor	指定鼠标经过 Label 时，鼠标的样式，默认由系统指定
state	指定 Label 的状态，用于控制 Label 如何显示。可选值有 normal(默认)、active、disable

2. 按钮(Button)组件

按钮用来实现窗口与用户的交互，可以包含文本或图像。按钮被按下时，会调用函数或方法，引发按钮响应事件，完成相应功能。创建按钮组件的格式如下。

```
<按钮组件名>=tkinter.Button(<父组件>, [参数列表],…)
```

按钮组件名是类 Button 的实例，如 btn1，父组件是上层组件名，将在上层组件内创建一个按钮组件 btn1。举例如下。

```
btn1=tkinter.Button(top,text='Click me')
```

在上层组件 top(顶层窗口)上创建一个按钮组件 btn1。

按钮组件的参数列表选项如表 10.5 所示。anchor、relief、bitmap、image、height、width、font、bg、fg、bd、cursor、underline 等参数的功能与标签组件相同，不做重复说明。

表 10.5　按钮组件参数说明

参　数	说　明
text	按钮上要显示的文字内容
default	默认值为 normal，如果为 disabled，按钮不响应单击事件
takefocus	设置焦点，takefocus=1|0
state	设置组件状态：正常(normal)、激活(active)、禁用(disabled)
textvariable	设置文本变量
command	指定按钮的事件处理函数

【例 10.6】按钮组件应用示例。

```
#example10.6  按钮组件
import tkinter
import time
def 单击():
    s=time.ctime()
    标签1.configure(text=s)      #将 s 显示在标签中
top=tkinter.Tk()
top.geometry('300x200')
top.title('按钮组件示例')
按钮1=tkinter.Button(top,text='时间',command=单击)
按钮1.place(relx=0.4,rely=0.5)     #按钮1的位置
标签1=tkinter.Label(top)
```

```
标签1.place(relx=0.2,rely=0.2)
top.mainloop()
```

程序运行后，单击按钮"时间"，结果如图 10.6 所示。

图 10.6　按钮组件示例运行结果

在例 10.6 的创建"按钮 1"的代码中，"command=单击"的含义是：当"按钮 1"被按下时，调用函数"单击()"，实现在标签中显示时间的功能。这种通过一个事件施加在一个对象上，而对象根据被激发的事件执行相对应程序的机制称为事件驱动。

除了上面例子中的单击按钮的事件外，单击鼠标左键、中键、右键，双击鼠标，键盘上的某个键被按下都可以看作 tkinter 的事件。tkinter 中的常见事件类型如表 10.6 所示。

表 10.6　tkinter 中的事件类型

事件名称		说　明
键盘事件	KeyPress	按下键盘某键时触发
	KeyRelease	释放键盘某键时触发
鼠标事件	ButtonPress	按下鼠标某键时触发
	ButtonRelease	释放鼠标某键时触发
	Motion	点中组件的同时拖曳组件移动时触发
	Enter	当鼠标指针移进某组件时，该组件触发
	Leave	当鼠标指针移出某组件时，该组件触发
	MouseWheel	当鼠标滚轮滚动时触发
窗体事件	Visibility	当组件变为可视状态时触发
	Unmap	当组件由显示状态变为隐藏状态时触发
	Map	当组件由隐藏状态变为显示状态时触发
	Expose	当组件从原本被其他组件遮盖的状态中暴露出来时触发
	FocusIn	组件获得焦点时触发
	FocusOut	组件失去焦点时触发
	Destroy	当组件被销毁时触发

给例 10.6 中的 command 设定参数，指定按钮被按下时调用的函数。按钮的事件触发也可以通过将事件绑定到对象上实现，并利用回调函数调用相关函数执行相应动作。对象绑定事件的格式如下。

<组件对象名>.bind(<事件类型>，<回调函数>)

函数 bind()将<事件类型描述>的具体事件绑定到<组件对象>，当<事件类型>描述的事件发生时，自动调用<回调函数>。事件类型以字符串形式传递且必须放置于尖括号(<>)内，回调函数必须定义一个形参。

3. 输入框(Entry)组件和文本框(Text)组件

输入框组件和文本框组件都用来接收用户输入数据并显示，二者的区别在于输入框接收单行数据，而文本框可以接收多行数据。输入框和文本框共享大多数属性和方法，在此只以输入框为例介绍二者的应用。

创建输入框组件的格式如下。

<输入框组件名>=tkinter.Entry(<父组件>，[参数列表]，…)

输入框组件名是类 Entry 的实例，父组件是上层组件名，将在上层组件内创建一个输入框组件。参数列表选项如表 10.7 所示。

表 10.7　输入框组件参数说明

参　　数	说　　明
insertwidth	输入框光标的宽度
insertontime	输入框光标闪烁时，显示持续时间，单位：毫秒(ms)，默认值为 600ms
insertofftime	输入框光标闪烁时，消失持续时间，单位：毫秒(ms)，默认值为 300ms
justify	当输入的文本不适应输入框时的显示方式：left/center/right，默认值为 left
show	指定输入框内容显示为字符，如显示密码可以将值设为"*"
textvariable	输入框的值，是一个 StringVar()对象
xscrollcommand	建立与滚动条组件的联系，设置为滚动条组件的.set 方法

输入框的方法较多，表 10.8 只列出常用方法。

表 10.8　输入框常用方法

方　　法	说　　明
insert(index, text)	向输入框中插入字符，index：插入位置，text：插入字符
delete(first, last)	删除输入框里从 first 开始到 last(不包含 last)的字符串，省略 last，只删除 first 位置
get()	获取输入框的字符串值
select_clear()	清除输入框选择的内容
icursor(index)	将光标移动到 index 索引位置前，文本框获取焦点后成立
index(index)	返回指定的索引值，保证 index 位置上的字符是输入框最左侧可视字符
select_range(start, end)	选中 start 索引与 end 索引之间的值，start 必须小于 end

【例 10.7】输入框组件示例。

```
#example10.7  输入框示例
import tkinter
top = tkinter.Tk()
top.geometry('300x100+50+50')
top.wm_title('输入框示例')
v = tkinter.StringVar()
en1 = tkinter.Entry(top,textvariable=v)
en1.pack()
v.set('输入框示例')
top.mainloop()
```

程序运行结果如图 10.7 所示。

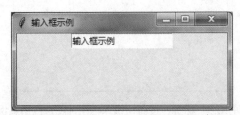

图 10.7　输入框示例运行结果

(1) 在例 10.7 中，语句 v=tkinter.StringVar()是调用 tkinter 的 StringVar()对象，该对象用来监视在 tkinter 组件内输入的字符串类型数据，textvariable=v 实现了输入框内输入的字符串与 StringVar()对象的关联。

(2) 在例 10.7 中，语句 v.set('输入框示例')通过调用 StringVar()对象的 set()函数，给出输入框的初始内容。StringVar()另一个常用的函数 get()，用于返回 StringVar 变量的值。

4. 综合应用实例

【例 10.8】标签、按钮、输入框组件综合应用实例。

```
#example10.8 标签、按钮、输入框综合实例
import tkinter as tk
import time
def 单击():
    序号=输入框.get()
    f=open('打卡记录.txt','a')
    信息=序号+"号"+time.asctime()+"打卡"
    标签.configure(text=信息)
    f.write(信息+"\n")
    f.close()
top=tk.Tk()
top.geometry('320x240')
top.title('标签、按钮、输入框综合实例')
输入框=tk.Entry(top,width=5)
```

```
输入框.place(relx=0.1,rely=0.1)
按钮=tk.Button(top,text='打卡',command=单击)
按钮.place(relx=0.5,rely=0.3)
标签=tk.Label(top)
标签.place(relx=0.1,rely=0.5)
top.mainloop()
```

程序运行后在输入框中输入 3，然后单击"打卡"按钮，结果如图 10.8 所示。

图 10.8　标签、按钮、输入框组件综合应用实例

 说　明

(1) 例 10.8 使用了输入框、按钮和标签三个控件，实现一个简单的签到打卡程序。输入框用来接收数据，按钮控制交互，标签输出结果。

(2) 在例 10.8 中，按照输入框输入的编号，使用 ctime()函数获取当前时间，并把打卡信息保存在文件"打卡记录.txt"中。

5．tkinter 的其他组件

除了前面讲的几个组件外，tkinter 还支持很多组件，这些组件提供更加强大的交互功能。这些组件的功能见表 10.9。

表 10.9　tkinter 的其他组件

组　　件	功能描述
Button	按钮组件：在程序中显示按钮
Canvas	画布组件：包含图像或位图，可以显示线条或文本等图形元素
Checkbutton	多选框组件：用于在程序中提供多项选择框
Entry	输入框组件：用于接收键盘输入的数据或显示简单的文本内容
Frame	框架组件：容器类组件，在屏幕上显示一个矩形区域来放置其他组件
Label	标签组件：可以显示文本或图形
Listbox	列表框组件：用来显示一个字符串列表给用户，用户可以从中做出选择
Menu	菜单组件：按下菜单按钮时弹出的菜单列表，包含多个列表项
Menubutton	菜单按钮组件：包含菜单项的组件，有下拉菜单和弹出菜单

组　件	功能描述
Message	消息组件：用来显示多行文本，与 label 类似
Radiobutton	单选按钮组件：一组按钮，只有一个单选按钮可以被选中
Scale	进度条(线性滑块)组件：可以设置起始值和结束值，为输出限定范围的数字区间
Scrollbar	滚动条组件：对支持的组件提供滚动条功能，如列表框
Text	文本组件：用于显示或接收用户输入的多行文本
Toplevel	容器组件：独立的顶级窗口容器，用来提供一个单独的对话框，和 Frame 比较类似
Spinbox	输入组件：与 Entry 类似，但是可以指定输入范围值
PanedWindow	PanedWindow 是一个窗口布局管理的插件，可以包含一个或者多个子组件
LabelFrame	LabelFrame 是一个简单的容器组件。常用于复杂的窗口布局
tkMessageBox	用于显示应用程序的消息框

10.2　网络编程基础

计算机网络是由传输介质链接在一起的一系列设备组成。一个网络节点可以是一台计算机、一部手机或者任何能够通过网络接收或发送网络上其他终端传递的数据的设备。

网络上两个节点之间要进行通信，必须要遵守一些事先规定好的信息交换规则和标准，这些规则和标准规定了网络节点同层实体之间交换数据的格式和时序，称作网络协议。目前使用最广泛的网络协议是 Internet 采用的 TCP/IP(Transmission Control Protocol/Internet Protocol)协议簇，它包含多种通信协议，可以广泛应用在局域网和广域网中。

在 Internet 中，使用最广泛的就属万维网(World Wide Web，WWW)服务了。WWW 服务让我们只需要在一个浏览器中输入 IP 地址、网站域名，或者一个 URL 网址，就可以连接到 Internet 中的网络服务器，服务器再把浏览器的请求数据返回给浏览器，返回的数据经过浏览器解析以后，以网页的形式呈现给我们。

网页是以特定的数据组织形式编写的，这种数据组织形式叫超文本标记语言，即HTML 语言。HTML 语言从 20 世纪 90 年代起就被应用在 WWW 中，形成了网页的标准格式。在开始了解 Python 网络应用前，要简单了解一下 HTML 语言的基础。

10.2.1　HTML 简介

超文本标记语言 HTML 本质上是一种文本文件，它使用各种标签(Tags)、文本及符号来编写 HTML 文件，这种文件可以被浏览器理解并识别。现在使用较多的是 HTML5标准。

在 HTML 语言的语法中，大多数内容要写在标签中，标签一般以<>标记开始，以</>标记结束。也有一些标签只有开始标记，没有结束标记。几个常用标签简介见表 10.10。

表 10.10 常用 html 标签

标 签	作 用
\<html\>,\</html\>	标记一个 html 文件的开始与结束
\<head\>,\</head\>	标记网页标题部分的开始与结束
\<title\>,\</title\>	标记一个网页的标题，放在\<head\>标签中
\<body\>,\</body\>	标记一个网页的主体部分的开始与结束
\<p\>,\</p\>	标记一段文字的开始与结束
\<a\>,\</a\>	标记一个超级链接的开始与结束
\<!-- --\>	注释，在浏览器中不显示标签内容

html 文件是纯文本文件，用所有的文本编辑器都可以进行编辑。例如，使用记事本程序输入图 10.9 的内容，然后保存为"网页.html"文件，双击文件，即可启动计算机中的默认浏览器查看网页效果，如图 10.10 所示。

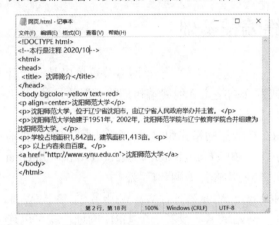

图 10.9 使用记事本编写网页

图 10.10 浏览器运行网页效果

10.2.2 Python 网络爬虫

网络爬虫，是一种按照一定的规则，自动地抓取万维网信息的程序或者脚本。爬虫程序通常从网站的某一个页面(通常是首页)开始读取网页的内容，找到在网页中的其他链接地址，然后通过这些链接地址寻找下一个网页，这样一直循环下去，直到把这个网站所有的网页都抓取完为止。

网络爬虫一般分为两个步骤。

(1) 获取网页内容。

(2) 对获取的网页内容进行分析处理。

Python 语言中有很多库可以实现网络爬虫功能，如 urllib、urllib2、urllib3、requests 等。在 Python 3.X 中使用比较多的是 requests 库和 beautifulsoup4 库。requests 主要用来获取网页内容，beautifulsoup4 库用来分析网页数据。这两个第三方库需要单独下载安装，具体方法可以参考本教材前面章节。下面根据网络爬虫的两个步骤简要介绍爬虫过程。

1. 获取网页内容——requests 库

urllib 库和 requests 库都是比较好的抓取网页的库。urllib 是 Python 的标准库，提供了 urllib.request、urllib.response、urllib.parse 和 urllib.error4 个模块。requests 库是非常优秀的处理 HTTP 请求的第三方库，它基于 urllib，但比 urllib 更加方便，功能更强大，完全满足 HTTP 测试需求。本书将以 requests 库为例，介绍网络爬虫的网页抓取功能。

可以采用 pip 指令安装 requests 库：pip install requests。

下面的代码用 requests 库实现读取并显示网页的内容。

```
import requests
url="http://www.synu.edu.cn"
html_contents=requests.get(url)
fd=open("d:\沈阳师范大学.html","w",encoding=html_contents.encoding)
fd.write(html_contents.text)
fd.close()
```

代码的作用是访问网址"http://www.synu.edu.cn"，使用 get()方法获取信息，被访问服务器响应 get()方法，返回一个 respose 对象，这里赋值给变量 html_contents。然后建立一个 html 文件，将获取的网页源码写入文件。如果打开 D 盘的文件"沈阳师范大学.html"，可以看到一个网页，该网页即为网址"http://www.synu.edu.cn"的主页，但是没有图片、脚本语言、样式等的支持，只能看到文字部分。在建立 html 文件的时候，数据编码格式要和网页格式保持一致，否则会出现编码错误，所以在 open()函数中加入了 encoding 参数，值设置为 get()函数获取到的网页的编码。

【例 10.9】 使用 requests 库等工具抓取沈阳师范大学学生活动页面 (http://ssdtw.synu.edu.cn/xshd/list.htm)下的 14 条新闻的页面内容，如图 10.11 所示。

图 10.11　学生活动页面内容

在抓取之前，要分析待抓取页面的特征，才能编写出合适的代码。右击图 10.11 所示页面，选择"查看网页源代码"(以 Chrome 浏览器为例)，可以显示该网页的 html 代码。查看代码时，可以找到若干个格式一致的<a>标签，如图 10.12 所示。图中的<a>标签后的 "href='/2020/1030/c5178a71738/page.htm'"即为新闻标题"我校 2020 年'卓越人才培训工程'暨'青年马克思主义者培养工程'正式启动"的内部存放地址，连接学生活动页面的首页地址，组成字符串"http://ssdtw.synu.edu.cn/2020/1030/c5178a71738/page.htm"，就是该新闻对应网页的 URL。

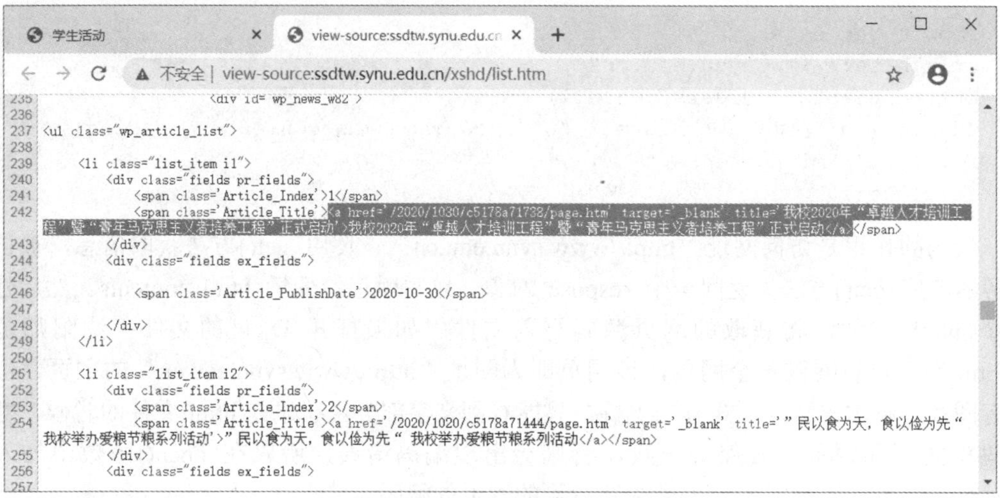

图 10.12 网页源文件

在学生活动页面中，有 14 个新闻标题，那么可以在源文件中找出 14 处类似的内部地址，也就可以组成 14 个 URL。利用 requests 库，可以将这 14 个页面全部爬取下来，保存为 html 文件。

程序代码如下。

```python
#example10.1
import requests
import re
import os
url="http://ssdtw.synu.edu.cn/xshd/list.htm"
html_list=requests.get(url)
html_cont=html_list.text
url_list=re.findall("href='/[a-zA-Z0-9/]+page.htm'", html_cont)
print(url_list)
for i in url_list:
    url="http://ssdtw.synu.edu.cn"+i[6:-1]
    html_xinwen=requests.get(url)
    if os.path.exists(r"d:\学生活动")==False:os.makedirs(r"d:\学生活动")
    fd=open(r"d:\\学生活动\\学生活动页面"+str(url_list.index(i))+\
        ".html","w",encoding=html_xinwen.encoding)
    fd.write(html_xinwen.text)
    fd.close()
```

程序运行结果为在 d 盘建立一个叫作"学生活动"的文件夹，文件夹内存放了 14 个新闻页面，如图 10.13 所示。

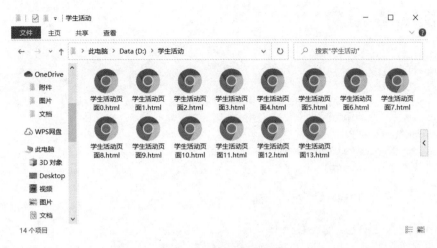

图 10.13 程序运行结果

(1) 在例 10.9 中，程序需要使用 requests 库爬取页面，re 库引入正则表达式，os 库建立文件夹。

(2) 在例 10.9 中，利用 re 库的 findall()函数，可以找到页面源码中所有以"href="开始，以"page.htm"结尾，中间可以为若干个大小写字母、数字或者"/"符号的字符串，将其加入到列表 url_list。

(3) 在例 10.9 中，列表 url_list 中的每一项都是类似"href='/2020/1030/c5178a71738/page.htm'"的字符串，为了取出正确的 URL，要去掉前面的 6 个字符"href='"字符串和最后一个单引号。再连接成为正确的 URL "http://ssdtw.synu.edu.cn/2020/1030/c5178a71738/page.htm"。

(4) 在例 10.9 中，利用 os 库在计算机 d 盘下建立一个文件夹"学生活动"，如果该文件夹存在，则忽略。

(5) 利用文件操作写 html 文件时，可以利用列表项在列表中的顺序形成连续的文件名，例如"学生活动页面 0.html""学生活动页面 1.html"等。

2. 分析获取数据——BeautifulSoup4 库

使用 requests 库获取 HTML 网页内容后，如果需要解析 HTML 页面，就需要用到能从 HTML 页面提取有用数据的函数库。BeautifulSoup4 库是一个非常优秀的 Python 扩展库，不但可以解析 HTML 页面内容，也可以读取 XML 文件内容。BeautifulSoup4 库提供一些直接处理 HTML 页面的函数(方法)，可以方便快捷地解析页面元素。BeautifulSoup4 库将解析的每一个 HTML 页面当作一个对象，通过调用页面对象的属性和方法实现对页面的解析。HTML 页面中的每一个标签(Tag)都是 BeautifulSoup4 创建的页面对象的一个属性，如<body><head>等。下面的代码列举了调用 HTML 页面对象属性的方法。

```
>>> from bs4 import BeautifulSoup
>>> html='''<html>
<head>
<title>学校</title>
</head>
<body>
    <p>辽宁省</p>
    <p>沈阳市</p>
    <p><a href="www.baidu.com">百度</a></p>
    <p><a href="www.synu.edu.cn">沈阳师范大学</a></p>
</body></html>'''
>>> soup=BeautifulSoup(html,"html.parser")
>>> print(soup.head)
<head>
<title>学校</title>
</head>
>>> print(soup.title.text)
学校
>>> print(soup.find_all("p"))
[<p>辽宁省</p>, <p>沈阳市</p>, <p><a href="www.baidu.com">百度</a></p>,
<p><a href="www.synu.edu.cn">沈阳师范大学</a></p>]
>>> for i in soup.find_all("p"):print(i.text)
辽宁省
沈阳市
百度
沈阳师范大学
>>> for i in soup.find_all("a"):print(i.get("href"))
www.baidu.com
www.synu.edu.cn
>>>
```

 说 明

(1) BeautifulSoup4 是一个扩展库，使用前可以用 pip 命令进行安装。安装好后，在使用前可以用 from bs4 import BeautifulSoup 命令导入。

(2) 字符变量 html 模拟一个 HTML 网页的组成结构。

(3) soup=BeautifulSoup(html,"html.parser")语句可以将网页(本例为一个 HTML 结构的字符串)解析为一个 BeautifulSoup 对象，它包含 HTML 页面的每一个标签。可以用"对象.属性"结构获取标签内容，如 soup.head 可以获取 soup 对象的 head 标签的全部内容，soup.title.text 可以获取 soup 对象的 title 标签的 text 属性。

(4) 对于在一个网页中多次出现的标签，比如<p>标签、<a>标签等，可以使用 find_all 方法来查找，并将找到的标签加入一个列表。例如 soup.find_all("p")语句可以将网页中所有 p 标签加入列表，列表项为<p>标签的所有内容，包括<p>和</p>。如果只想解析<p>标签中的文本，可以在解析出列表后，访问列表项的 text 属性。

(5) 解析<a>标签时，如需得到标签中的超级链接，可以使用 get("href")方法，得到<a>标签中的 href 参数指向的链接地址。

【**例 10.10**】抓取沈阳师范大学师大印象专栏(http://www.synu.edu.cn/sdyx/list.htm)的所有图片，如图 10.14 所示。

图 10.14　沈阳师范大学"师大印象"专栏页面

分析网页特征，右击网页页面，选择"查看网页源代码"，如图 10.15 所示。

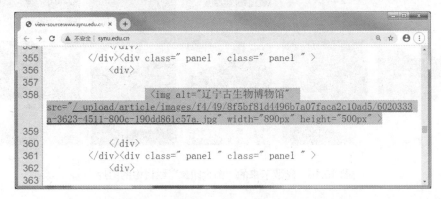

图 10.15　沈阳师范大学"师大印象"页面源码

网页上的图片，都会出现在<img>标签内，例如<img alt="辽宁古生物博物馆" src="/_upload/article/images/f4/49/8f5bf81d4496b7a07faca2c10ad5/6020333a-3623-4511-800c-190dd861c57a.jpg" width="890px" height="500px" >。alt 属性是替代文本，当图片无法显示时，可以显示 alt 中的文字内容；src 是图片保存地址，一般为内部地址，连接上 http://www.synu.edu.cn 后为该图片的 URL；width 和 height 为该图片的宽度和高度。

程序代码如下。

```
#example10.10
import requests as rq
from bs4 import BeautifulSoup
```

```
URL="http://www.synu.edu.cn/sdyx/list.htm"
html=rq.get(URL)
soup=BeautifulSoup(html.text,"html.parser")
x=1
img_ads=soup.find_all("img")
for i in img_ads:
    src_ads=i.get("src")
    pic_address="http://www.synu.edu.cn"+src_ads
    print(pic_address)
    image=rq.get(pic_address)
    fd=open(r"d:\python1\图片%d.jpg"%x,"wb")
    fd.write(image.content)
    fd.close()
    x+=1
```

程序运行结果是在 d 盘的 python1 文件夹下(需在程序运行前手动建立该文件夹，或参考例题 10.9 创建文件夹)保存爬取下来的网页上的所有图片，如图 10.16 所示。

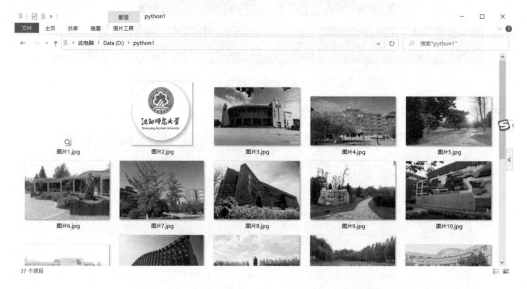

图 10.16　爬取下来的"师大印象"栏目中的图片

说明

(1) 在例 10.10 中，通过 requests 库的 get 方法，得到想要解析的网页的全部信息，再使用 BeautifulSoup 方法解析为网页对象。

(2) 在例 10.10 中，利用 BeautifulSoup 的 find_all 方法查找所有的<img>标签，形成列表 img_ads。遍历列表，组成图片的 URL。得到图片的 URL 后，再次使用 requests 库的 get()方法，得到图形数据。

(3) 在例 10.10 中，使用 open 方法建立图形文件，写入时要选用二进制数据模式"wb"。

(4) 在例 10.10 中，要提前在 d 盘建立一个文件夹 python1，也可以在程序中使用例题 10.9 的方式，用 os 库的 makedirs 函数建立文件夹。

(5) 在例 10.10 的网页上有很多图片，有大图，也有小的缩略图，还有一些 Logo 图片。如果只想爬取清晰大图，分析源码可以发现，在所有大图的<img>标签内，都有描述图像大小的信息：width="890px"、height="500px"。因此，只要在 find_all()函数中加上一个宽度或者高度信息，就可以只保留大图的地址信息了。例如 img_ads=soup.find_all("img")一行可以改为 img_ads=soup.find_all("img", attrs={"width":"890px"})，这样程序运行后只保留网页上的大图。

10.3　数据库编程

数据库技术为数据的共享、查询、修改等操作提供了有力的技术支撑，在各行各业被广泛采用，如大型网站、管理信息系统、邮箱系统等。同时，大数据时代的到来进一步促进了数据库技术的发展。在 Python 语言中，有很多方法可以提供数据库存储功能。对于 MySQL、Access、Oracle、Sybase、Microsoft SQL Server、SQLite 等这些关系型数据库，Python 都提供了 ODBC 接口。Python 提供了一个标准接口用于访问关系型的数据库，这个标准接口为 Python DB Application Programming Interface(Py-DBAPI)。每种数据库 API 都需要有一个 Py-DBAPI 封装的实现，而几乎所有的数据库接口都有对应的实现方法，同时，Python 语言还内置了用于存储和获取数据的工具。本节重点介绍 Python 标准库自带的 SQLite 接口，实现对 SQLite 数据库的操作。

10.3.1　SQLite 数据库简介

SQLite 数据库是一款非常小巧的嵌入式开源数据库软件，没有独立的维护进程，所有的维护都来自程序本身。它是遵守 ACID 的关联式数据库管理系统，它的设计目标是嵌入式的，而且目前已经在很多嵌入式产品中使用，它占用的资源非常少，在嵌入式设备中可能只需要几百 KB 的内存。它能够支持 Windows、Linux、Unix 等主流的操作系统，同时能够跟很多程序语言相结合，比如 Tcl、C#、PHP、Java 等，还有 ODBC 接口，比 MySQL、PostgreSQL 这两款世界著名的开源数据库管理系统的处理速度快。SQLite 的第一个 Alpha 版本诞生于 2000 年 5 月，目前被广泛使用的是 SQLite 3 版本。

SQLite 引擎不是独立于程序之外的独立进程，而是连接到程序，成为它的一个主要部分。其主要的通信协议是在编程语言内直接调用 API。这在消耗总量、延迟时间和整体简单性上有积极的作用。整个数据库(定义、表、索引和数据本身)都在宿主主机上存储在一个单一的文件中。

10.3.2　Python 操作 SQLite 数据库

Python 标准库中的 SQLite 3 提供了 SQLite 数据库的接口，支持使用 SQL 语句访问数据库，使用时通过调用 SQLite 3 模块与 Python 进行集成。SQLite 作为后端数据库，可以搭配 Python 建网站，或者制作有数据存储需求的工具。为了使用 SQLite 3 模块，必须先创建一个表示数据库的连接对象，然后有选择地创建游标对象，这将有助于执行所有的

SQL 语句。

1. 连接数据库

要操作关系数据库，首先需要连接到数据库，创建一个与数据库关联的 Connection 对象，例如下面的代码。

```
>>> import sqlite3                           #导入 sqlite3 模块
>>> conn = sqlite3.connect('test.db')        #创建数据库连接对象 conn
```

先导入 SQLite 3 模块，然后创建数据库 test.db，如果 test.db 已经存在就直接打开这个数据库，同时创建一个与 test.db 关联的数据库连接对象 conn。

Connection 对象是 SQLite 3 模块中最重要的类，主要方法如下。

(1) cursor()：打开数据库连接对象的游标。

```
c= conn.cursor()
```

(2) commit()：提交当前事物，保存数据。若不提交，则不保存数据，数据库中为上次调用 commit()方法之后的数据。

```
conn.commit():
```

(3) rollback()：撤销当前事物，恢复到上次调用 commit()方法后的数据状态。

```
conn.rollback()
```

(4) close()：关闭数据库连接。

```
conn.close()
```

2. 使用游标查询数据库

创建数据库连接对象 conn 连接到数据库后，需要打开游标，称为 Cursor，通过 Cursor 执行 SQL 语句实现对数据库表的查询、插入、修改、删除等操作。在 SQLite 3 中，所有 SQL 语句的执行都要在游标对象的参与下完成。Cursor 对象的主要方法如下。

(1) execute(sql[,parametres])：执行一条 SQL 语句，例如，上面的两条语句执行后，继续执行下面的语句。

```
c.execute('''create table data(id int primary key,pid int,name
varchar(10) UNIQUE,nickname text ''')
```

(2) executemany(sql[,parametres])：执行多条 SQL 语句，对于所有给定参数执行同一个 SQL 语句，一般参数是一个序列。

(3) fetchone()：从结果中取出一条记录。

(4) fetchmany()：从结果中取出多条记录。

(5) fetchall()：从结果中取出所有记录。

(6) scroll()：游标滚动。

下面的程序可以实现创建数据库、创建数据表、插入记录、查询记录的过程。

【例 10.11】SQLite 3 的基本操作。

```
#example10.3
import sqlite3                              #导入 sqlite3 模块
conn=sqlite3.connect('school.db')          #连接当前文件夹下数据库 school.db
cursor=conn.cursor()                       #打开游标
print('数据库已打开!')
#创建表
cursor.execute('''create table student(ID int primary key not null,
                              Name text not null,Age int not null,
                              Score real,Address char(50))''')
print('创建表成功! ')
#插入记录
cursor.execute("insert into student values(1001,'张晓山',20,589,'辽宁沈阳')")
cursor.execute("insert into student values(1002,'孙晓宇',19,568,'山东青岛')")
cursor.execute("insert into student values(1003,'宋 健',20,590,'吉林四平')")
cursor.execute("insert into student values(1004,'潘恩东',21,526,'河北承德')")
cursor.execute("insert into student values(1005,'赵子瑜',20,601,'江苏苏州')")
conn.commit()                                   #提交当前事物,保存数据
for row in cursor.execute('select * from student'):        #查询表中内容
    print(row)                                  #输出表中内容
conn.close()                                    #关闭数据库连接
```

程序运行结果如下。

```
>>>
===================RESTART:C:\python\example10.11.py===================
数据库已打开!
创建表成功!
(1001, '张晓山', 20, 589.0, '辽宁沈阳')
(1002, '孙晓宇', 19, 568.0, '山东青岛')
(1003, '宋 健', 20, 590.0, '吉林四平')
(1004, '潘恩东', 21, 526.0, '河北承德')
(1005, '赵子瑜', 20, 601.0, '江苏苏州')
>>>
```

10.4　数据分析与可视化

数据分析是 Python 擅长的领域之一。Python 在数据分析领域有四个常用库,分别是 Matplotlib、NumPy、SciPy 和 Pandas。其中,Matplotlib 是画图工具,NumPy 是矩阵运算库,SciPy 是数学运算工具,Pandas 是数据处理的工具。本章重点讲述 Matplotlib。

10.4.1　认识 Matplotlib

Python 绘图库有很多,比如前面章节讲过的 turtle 库。Maplotlib 主要面向数据绘制图表,是最基础的 Python 可视化库。可以说 Maplotlib 是 Python 数据可视化的入门必修库。Matplotlib 是 Python 中类似 MATLAB 的绘图工具,可以把整理后的数据绘制成图表。

1. Matplotlib 的安装

要使用 Matplotlib 库首先要学会安装，接下来借助 pip 工具来完成安装。在终端执行以下命令来安装 Matplotlib。

```
python -m pip install matplotlib
```

2. Matplotlib 导入

因为这个库的名字比较长，后面引用时不太方便，因此导入时通常设置别名 plt。导入命令如下。

```
import matplotlib.pyplot as plt      #为方便简写为plt
```

其中，pyplot 是 matplotlib 的一个子模块，主要为底层的面向对象的绘图库提供状态机界面，状态机自动创建数字和坐标轴，以实现所需的绘图。

3. Matplotlib 基本布局

1) Figure

Figure 是图像窗口，本质上就是一个 Windows 应用窗口，也可以理解成一张画板。Figure 中最主要的元素是 Axes，一个 Figure 中可以包含若干个 Axes。

2) Axes

Axes 表示画板窗口中的子图，是带有数据的图像区域。每个 Axes 对象都拥有自己的坐标系统和绘图区域。

3) Axes 上的对象

一幅子图由若干对象组成，其中 Title 为标题，Axis 为坐标轴，Label 为坐标轴标注，Tick 为刻度线，Tick Label 为刻度注释。

【例 10.12】Matplotlib 基本布局。

```
#example10.12 Matplotlib 基本布局
import matplotlib.pyplot as plt
fig = plt.figure()                  #创建一个figure
ax1 = fig.add_subplot(221)          #创建一个axes 布局在 2x2 网格的左上角
ax2 = fig.add_subplot(222)          #创建一个axes 布局在 2x2 网格的右上角
ax3 = fig.add_subplot(224)          #创建一个axes 布局在 2x2 网格的右下角
plt.show()
```

程序运行结果如图 10.17 所示。

说 明

(1) 例 10.12 使用了 add_subplot()函数，该函数用于在 Figure 上添加 Axes，括号中的三个参数依次表示子图的行数、列数和编号。221 表示将画板划分成两行两列，当前子图是第一个。

(2) 将例 10.12 中的 ax3 括号中的数字"224"改为"223"，右下角的子图会出现在左下角。

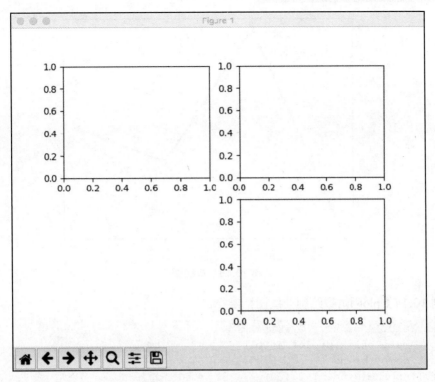

图 10.17　Matplotlib 基本布局

10.4.2　Matplotlib 绘制图表

1. 线条与 plot()函数

plot()函数用来绘制直线、曲线和折线等线条。它的工作原理是，先根据坐标画出一系列的点，然后用线将它们连接起来。plot()函数的基本格式如下。

```
import matplotlib.pyplot as plt
plt.plot(x, y, ls='-', lw=2, marker='o', color='g')
```

其中，x、y 表示坐标，通常保存为元组或列表。ls 表示线条风格('-'代表实线)。lw 表示线条宽度。marker 为设置折线点的类型，默认不显示点。

【例 10.13】plot()函数绘制折线图。

```
#example10.13 plot()函数绘制折线图
import matplotlib.pyplot as plt
x = (1,2,3,4)
y = (3,9,5,6)
plt.figure()
plt.plot(x,y,lw=3,marker='o')    # 绘制曲线
plt.show()
```

程序运行结果如图 10.18 所示。

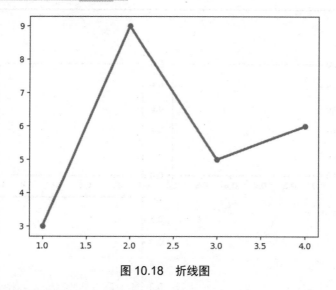

图 10.18　折线图

【例 10.14】plot()函数绘制曲线图。

```
#example10.14 plot()函数绘制曲线图
import matplotlib.pyplot as plt
import numpy as np
x=np.linspace(0,np.pi*2,100)              #调用 np.linspace 是创建一个 0 到 2 π 的数组
ycos=np.cos(x)
ysin=np.sin(x)
plt.figure()
plt.plot(x, ycos,label='cos')             # 绘制 cos 曲线，label 定义图例名
plt.plot(x, ysin,label='sin',ls='--')     # 用虚线绘制 sin 曲线
plt.legend(loc="lower left")
plt.show()
```

程序运行结果如图 10.19 所示。

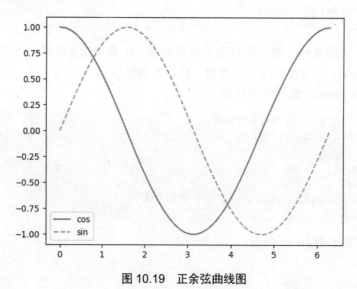

图 10.19　正余弦曲线图

说明

(1) NumPy 库是由多维数组对象和用于处理数组的例程集合组成的，可以完成与线性代数有关的操作。例 10.14 中的 np.linspace 用来创建一个元组，从 0 到 2π范围内选取 100 个点。np.linspace 括号中的第三个参数可以省略，默认选取 50 个点。np.sin(x)和 np.cos(x)分别实现正余弦运行。

(2) 例 10.14 中的两条 plot 语句分别绘制两条曲线。在语句 "plt.plot(x, ysin,label='sin',ls='--')" 中，label 用来指定图例标签，"ls='--'" 表示绘制虚线。

(3) 例 10.14 中的语句 plt.legend(loc="lower left")表示在左下角显示图例，loc 参数可以省略，默认则选取一个空白位置来显示图例。

2. 散点图与 scatter ()函数

scatter()函数用来绘制散点图。它的工作原理与 plot 相似，只是根据坐标画出一系列的点，但是不用线将它们连接起来。scatter()函数的基本格式如下。

```
import matplotlib.pyplot as plt
plt. scatter (x, y,s=5, marker='o', c='r' )
```

其中，s 用来设置点的大小，marker 设置点的类型(o 表示圆形，还可以使用 "+""">" 等符号)，c 表示点的颜色。

【例 10.15】scatter()函数绘制散点图。

```
#example10.15 scatter()函数绘制散点图
import matplotlib.pyplot as plt
import numpy as np
name=['GuangDong','JiangSu','ShanDong','ZheJiang','HeNan','SiChuan','HuBei']
x=[113,119,117,120,113,104,114]              #各省的地理经度
y=[23,32,36,30,34,30,30]                     #各省的地理纬度
gdp=[10767,9963,7107,6235,5426,4662,4583]    #各省gdp，单位十亿
colors = np.random.rand(len(x))
plt.figure()

# 绘制散点图，用圆的面积表示 gdp 值
plt.scatter (x, y,s=gdp, marker='o',c=colors,alpha=0.6)

# 在每个圆中标出省名
for i in range(7):
    plt.annotate(name[i],xy=(x[i]-0.6,y[i]),fontsize=10)
plt.show()
```

程序运行结果如图 10.20 所示。

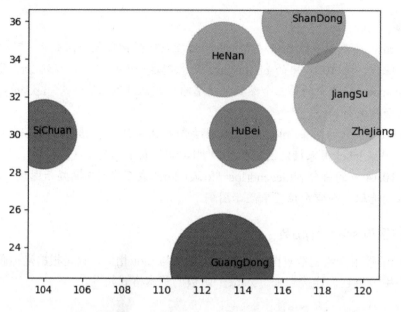

图 10.20　2019 各省 gdp 情况的散点图

（1）在例 10.15 中，首先定义了 name、x、y、gdp 四个列表，这四个列表依次保存省名，经、纬度和 gdp 数据。np. random.rand()函数用来产生一组随机颜色。

（2）在例 10.15 中，plt.scatter 语句分别绘制各个点的圆，并用圆的大小表示 gdp 多少。参数 alpha=0.6 表示画出的圆的透明度为 0.6，这样，交叠在一起的圆也能看清。

（3）在例 10.15 中，语句 plt. annotate 用来在图中做出文字标记，括号中第一个参数是标记的内容，x、y 参数是标记坐标，fontsize 设定字号。

3. Axes3D 库与 3D 曲线图

3D 图表在数据分析、数据建模、图形和图像处理等领域都有着广泛的应用，下面将介绍如何使用 Python 进行 3D 图形的绘制。绘制 3D 图表需要使用 mplot3d 库，它是 matplotlib 库的子库。其中的 Axes3D 模块用来创建三维坐标轴对象，在绘图时需要给出 x、y、z 三个坐标数据。导入 3D 模块的命令如下。

```
from mpl_toolkits.mplot3d import Axes3D
import matplotlib.pyplot as plt
```

这里需要注意，绘制 3D 图表同样需要导入 pyplot。

【例 10.16】绘制 3D 曲线图。

```
#example10.16 绘制 3D 曲线图
from mpl_toolkits.mplot3d import Axes3D          #导入 3D 模块
import matplotlib.pyplot as plt
import numpy as np
x = np.linspace(0,20,1000)
```

```
y = np.cos(x)
z = np.sin(x)
fig = plt.figure()
ax3d = Axes3D(fig)                    #创建 3D 绘图空间
ax3d.plot(x,y,z)
plt.show()
```

程序运行结果如图 10.21 所示。

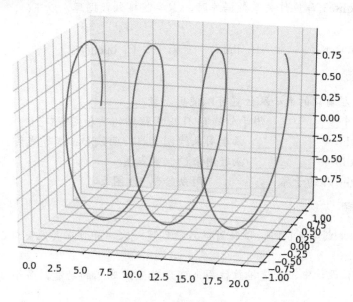

图 10.21　3D 曲线图

绘制后的 3D 图表，可以通过按住鼠标左键拖动来变换不同的观察角度。

习　　题

一、单选题

1. 目前 Internet 中使用最广泛的网络协议是(　　　)。

    A. NetBEUI 协议　　　　　　　　　　B. IPX/SPX 协议

    C. FTP 协议　　　　　　　　　　　　D. TCP/IP 协议

2. 制作网页的基础语言是(　　　)。

    A. C 语言　　　　　　B. Python 语言　　　C. HTML 语言　　　D. Java 语言

3. 一般来说，网页由两部分组成，分别是(　　　)。

    A. head 和 body　　　B. title 和 body　　　C. head 和 html　　　D. title 和 html

4. 网络爬虫的实质是一种(　　　)。

    A. 网页　　　　　　　B. 程序　　　　　　　C. 机器　　　　　　　D. 功能

5. 下面与网络爬虫无关的库是(　　　)。

    A. requests　　　　　B. turtle　　　　　　C. beautifulsoup　　　D. urllib

6. requests 库中的( )方法是用来获取网页内容的。

    A. head()   B. get()   C. put()   D. post()

7. Python 语言可以操作( )数据库。

    A. Oracle   B. MySQL   C. Access   D. 以上都可以

8. Python 用来访问和操作内置数据库 SQLite 的标准库是( )。

    A. numpy   B. pandas   C. sqlite3   D. mysql

9. 使用 sqlite3 库操作关系数据库时，需要链接到数据库，以下( )方法可以连接数据库。

    A. connect()   B. link()   C. open()   D. cursor()

二、填空题

1. 设置顶层窗口的大小及位置可以使用函数_____。

2. tkinter 中_____用于创建 GUI 应用程序的顶层主窗口。

3. matplotlib 中_____函数用来绘制直线、曲线和折线等线条。

4. matplotlib 中_____函数用来绘制散点图。

5. matplotlib 库的子库_____用来绘制 3D 图表。

三、判断题

1. 用 tkinter 创建窗口时，顶层窗口只能创建一次，并且在其他窗口创建之前被创建。

                                                      ( )

2. 在 GUI 设计中，复选框往往用来实现非互斥多选的功能，多个复选框之间的选择互不影响。   ( )

3. 在 GUI 设计中，单选按钮用来实现用户在多个选项中的互斥选择，在同一组内的多个选项中只能选择一个，当选择发生变化之后，之前选中的选项自动失效。   ( )

4. tkinter 中的按钮用来实现窗口与用户的交互，可以包含文本但不能包含图像。

                                                      ( )

5. matplotlib 主要面向数据绘制图表，是最基础的 Python 可视化库。   ( )

参 考 文 献

[1] 嵩天，礼欣，黄天羽. Python 语言程序设计基础[M]. 2 版. 北京：高等教育出版社，2017.

[2] 韦玮. 精通 Python 网络爬虫：核心技术、框架与项目实战[M]. 北京：机械工业出版社，2017.

[3] 董付国. Python 可以这样学[M]. 北京：清华大学出版社，2017.

[4] 张志强，赵越. 零基础学 Python[M]. 北京：机械工业出版社，2015.

[5] 林信良. Python 程序设计教程[M]. 北京：清华大学出版社，2016.

[6] 李佳宇. 零基础入门学习 Python[M]. 北京：清华大学出版社，2016.

[7] 胡松涛. Python 网络爬虫实战[M]. 北京：清华大学出版社，2016.

[8] 董付国. Python 程序设计[M]. 2 版. 北京：清华大学出版社，2016.

[9] 邱仲潘，刘燕文，王水德. Python 程序设计教程[M]. 北京：清华大学出版社，2016.

[10] 周元哲. Python 程序设计基础[M]. 北京：清华大学出版社，2015.

[11] 王学颖，张燕丽，李晖，等. C++程序设计案例教程[M]. 2 版. 北京：科学出版社，2015.

[12] Python 官方网站[EB/OL]. [2017-05J. https:///www.python. org.

[13] 菜鸟教程. Python 基础教程[EB/OL]. [2017-05]. http://www. runoob.com/python/python-tutorial. html.